世界卫生组织

WHO技术报告系列 945

本报告内容为国际专家小组的集体意见
并不一定代表世界卫生组织的决定或颁布的政策

WHO烟草制品管制研究小组

烟草制品管制科学基础报告

WHO研究组第一份报告

胡清源　侯宏卫　等◎译

科 学 出 版 社

北 京

图字：01-2015-2065 号

内 容 简 介

本报告呈现了 WHO 烟草制品管制研究小组在其第三次会议上达成的结论和给出的建议，在第三次会议期间，研究组审议了四份受会议特别委托而撰写的背景文章，分别阐述以下四个议题：①烟草制品的成分及设计特性：其与潜在致瘾性和对消费者吸引力的关系；②糖果口味烟草制品：研究需求及管制建议；③烟草暴露及烟气所致健康影响的生物标志物；④卷烟烟气中有害成分最高限量的设定。本报告第 2~5 章分别阐述这四个议题，在各章结尾处给出研究组的建议；第 6 章为总体建议。

本报告会引起吸烟与健康、烟草化学和公共卫生学等诸多领域的研究人员的兴趣，可以为涉足烟草科学研究的科技工作者和烟草管制研究的决策者提供权威性参考，还对烟草企业的生产实践有重要的指导作用。

图书在版编目(CIP)数据

烟草制品管制科学基础报告：WHO研究组第一份报告/WHO烟草制品管制研究小组著；胡清源等译. —北京：科学出版社，2015.6
（WHO技术报告系列 945）
书名原文：The scientific basis of tobacco product regulation: report of a WHO study group (WHO technical report series; no. 945)
ISBN 978-7-03-044533-9

Ⅰ.①烟⋯ Ⅱ.①W⋯ ②胡⋯ Ⅲ.①烟草制品 – 科学研究 – 研究报告 Ⅳ.①TS45

中国版本图书馆CIP数据核字(2015)第121847号

责任编辑：刘　冉 / 责任校对：彭　涛
责任印制：徐晓晨 / 封面设计：铭轩堂

科 学 出 版 社 出版
北京东黄城根北街 16 号
邮政编码：100717
http://www.sciencep.com

北京教园印刷有限公司 印刷
科学出版社发行　各地新华书店经销
*
2015年6月第　一　版　开本：890×1240　A5
2015年6月第一次印刷　印张：4 5/8
字数：140 000
定价：80.00元
（如有印装质量问题，我社负责调换）

译 者 序

2003 年 5 月，第 56 届世界卫生大会*通过了《烟草控制框架公约》(FCTC)，迄今已有包括我国在内的 180 个缔约方。根据 FCTC 第 9 条和第 10 条的规定，授权世界卫生组织 (WHO) 烟草制品管制研究小组 (TobReg) 对可能造成重要公众健康问题的烟草制品管制措施进行鉴别，提供科学合理的、有根据的建议，用于指导成员国进行烟草制品管制。

自 2007 年起，WHO 陆续出版了五份烟草制品管制科学基础报告，分别是 945，951，955，967 和 989。WHO 烟草制品管制科学基础系列报告阐述了降低烟草制品的吸引力、致瘾性和毒性等烟草制品管制相关主题的科学依据，内容涉及烟草化学、代谢组学、毒理学、吸烟与健康等烟草制品管制的多学科交叉领域，是一系列以科学研究为依据、对烟草管制发展和决策有重大影响意义的技术报告。将其引进并翻译出版，可以为相关烟草科学研究的科技工作者提供科学性参考。希望引起吸烟与健康、烟草化学和公共卫生学等诸多应用领域科学家的兴趣，为客观评价烟草制品的管制和披露措施提供必要的参考。

第一份报告 (945) 由胡清源、侯宏卫、韩书磊、陈欢、刘彤、付亚宁翻译，全书由韩书磊负责统稿；

第二份报告 (951) 由胡清源、侯宏卫、刘彤、付亚宁、陈欢、韩

---

* 世界卫生大会 (World Health Assembly，WHA) 是世界卫生组织的最高决策机构，每年召开一次。

书磊翻译，全书由刘彤负责统稿；

第三份报告 (955) 由胡清源、侯宏卫、付亚宁、陈欢、韩书磊、刘彤翻译，全书由付亚宁负责统稿；

第四份报告 (967) 由胡清源、侯宏卫、陈欢、刘彤、韩书磊、付亚宁翻译，全书由陈欢负责统稿；

第五份报告 (989) 由胡清源、侯宏卫、陈欢、刘彤、韩书磊、付亚宁翻译，全书由陈欢负责统稿。

由于译者学识水平有限，本中文版难免有错漏和不当之处，敬请读者批评指正。

2015 年 4 月

目　　录

WHO 烟草制品管制研究小组第三次会议

日本神户，2006 年 6 月 28~30 日

参加者

D. L. Ashley 博士，美国疾病控制与预防中心（美国佐治亚州亚特兰大）应急响应及空气有害物质课题组组长

D. Burns 博士，加利福尼亚大学（美国加利福尼亚州圣地亚哥）医学院家庭与预防医学教授

M. Djordjevic 博士，美国国家癌症研究所（美国马里兰州贝塞斯达）癌症控制与人口科学部烟草控制研究课题组项目负责人

E. Dybing 博士，WHO 烟草制品管制研究小组主席；挪威公共卫生研究所（挪威奥斯陆）环境医学部主任

N. Gray 博士，国际癌症研究机构（法国里昂）科学家

S. K. Hammond 博士，加利福尼亚大学伯克利分校（美国加利福尼亚州伯克利）公共卫生学院环境卫生学教授

J. Henningfield 博士，约翰·霍普金斯大学医学院行为生物学兼职教授；Pinney 协会（美国马里兰州贝塞斯达）研究与健康政策部副主席

M. Jarvis 博士，伦敦大学学院附属皇家自由医院（英国伦敦）癌症研究中心健康行为部首席科学家

K. S. Reddy 博士，全印度医学科学院（印度新德里）心脏病学教授

C. Robertson 博士，斯坦福大学（美国加利福尼亚州）工程学院负责教师与学术事务的高级副院长

G. Zaatari 博士，贝鲁特美国大学（黎巴嫩贝鲁特）病理学与实验医
学系教授

秘书处

D. W. Bettcher 博士，WHO《烟草控制框架公约》协调人，瑞士日内瓦

Y. Mochizuki 博士，WHO 无烟草行动组理事，瑞士日内瓦

E. Tecson 女士，WHO 无烟草行动组行政助理，瑞士日内瓦

G. Vestal 女士，WHO《烟草控制框架公约》无烟草行动组法律官员
及科学家，瑞士日内瓦

1. 前　言

2006 年 6 月 28~30 日，世界卫生组织 (WHO) 烟草制品管制研究小组 (TobReg) 第三次会议在日本神户召开。该会议基于 2006 年 2 月 6~17 日在瑞士日内瓦召开的 WHO《烟草控制框架公约》(FCTC) 缔约方大会第一次会议所形成的 15 号决议而召开 [1]。在该次会议中，缔约方大会通过了 FCTC 第 9 条和第 10 条的实施方案准则规范，该规范建立了烟草制品成分管制和信息披露的关系。根据该规范，实施方案准则的研究工作应基于研究组及 WHO 无烟草行动组 (TFI) 已做工作，而 TFI 则服务于研究组秘书组及相应部门。

本报告为研究组成员在第三次会议中所达成的结论及给出的建议，在此会议中，研究组审议了四份受会议特别委托而撰写的背景文章，分别阐述以下四个议题：

(1) 烟草制品的成分及设计特性：其与潜在致瘾性和对消费者吸引力的关系。

(2) 糖果口味烟草制品：研究需求及管制建议。

(3) 烟草暴露及烟气所致健康影响的生物标志物。

(4) 卷烟烟气中有害成分最高限量的设定。

本报告第 2~5 章分别阐述这四个议题，在各章结尾处给出研究组的建议；第 6 章为总体建议。

1.1 背　　景

相对于烟草制品，药品、农药及食品添加剂等化学品都得到较好的监管。这些产品的监管包括通过对该产品潜在健康危害的毒理学及分析测试而形成的初级及综合性识别和表征。此类测试旨在建立产品所引起器官和组织短期及长期损害、过敏、致癌性、生殖毒性及致突变性等的可能性。将含有此类毒理学评估信息的产品信息档案提交到监管部门，基于这些部门的权威性，科学家们对这些毒理学数据进行评估。众多司法部门依据基于毒理学测试的化学消费品固有危险特性，对这类产品进行分类和标识。更进一步讲，对毒理学测试结果及产品消费相关暴露评价的评估可能导致两种结果，即该产品或者被授权在特定领域使用，或者被禁止投入市场。

然而，在烟草制品管制领域，世界上还有许多国家处于起步阶段。基于此，WHO FCTC 欲通过第 9，10，11 条规定的执行，为将来对烟草制品成分、释放物、材料和添加剂披露、包装标识等进行管制奠定基础[2]。这些公约条款制定及谈判的相关研究和科学依据为缔约方大会所致力的共同目标服务，即通过提供烟草制品生产过程、包装标识及流通的全面监督，对烟草制品实施监管，从而达到服务公众健康的目的。基于这种原因以及为实现这些规定的协同效应，应将这 3 条规定视为同一组相互关联及相互加强的管制共同体。

WHO TFI 成立于 1998 年 7 月，目的是集中国际关注、资源和行动，以致力于控制全球烟草流行。其使命是减少烟草引起的疾病和死亡，从而保护现在及未来的几代人免受烟草消费及烟草烟气暴露所带来的毁灭性的健康、社会、环境及经济影响。这项使命与WHO FCTC 的宗旨和目标一致。FCTC 是 WHO 第一个也是唯一的全球性公约，它于 2005 年 2 月生效，为烟草控制措施提供框架，使各缔约国在国家、区域及全球范围内实施控烟，并旨在不断及从根本上降低烟草消费及烟气暴露。TFI 是 WHO 的一个部门，在 FCTC 的政府间谈判工作中起指导作用，并履行公约秘书处的职责，直到 WHO 建立临时公约秘书处。

根据 2000 年 2 月 9~11 日在挪威奥斯陆召开的国际促进烟草制品管制大会的建议 [3]，WHO TFI 将烟草制品管制列为任何全面烟草控制规划的 4 个支柱之一。其他 3 个支柱为：①阻止烟草制品消费；②促进戒烟；③使公众免受二手烟危害。

然而，在控烟领域，自由放任主义盛行。因此，在许多 WHO 成员国中，烟草处于监管或未监管状态，尽管如此，在制造商的引导下，烟草仍为导致半数日常消费者死亡的唯一合法消费品。许多控烟支持者担忧，推行错误的政策可能比维持现状更糟糕，而控烟有待进一步分析及讨论的争论一直存在。这种担忧是可以理解的，在早期旨在降低烟草危害的措施中，曾出现意想不到的结果，如曾经或仍在烟草企业中应用的具有误导性的将低焦油卷烟标注为"低"或"中"度危害。然而，在当前的管制真空状态下，烟草行业处心积虑使人们吸烟上瘾以扩大市场份额的做法依然没有得到控制。烟草制品管制，包括通过检测及测试来管控烟草制品成分及释放物，对这些信息进行披露，以及包装标识的管制等，需要政府对烟草制品的生产进行监督，并对其设计、成分、释放物、运输、包装标识等加强监管，以达到保护及提高公众健康的目的。烟草制品管制需要我们用毕生精力来一步步推动及实施。

根据国际促进烟草制品管制大会的建议 [3]，WHO 建立了烟草制品管制科学咨询委员会 (SACTob)，该委员会为烟草制品管制提供充分的科学建议，特别是填补存在于烟草制品管制领域的知识空白，并为 FCTC 第 9，10，11 条的谈判及共识的达成提供科学基础。

2003 年 11 月，意识到控烟的极端重要性，WHO 将其地位升级为研究组，将临时性的烟草制品管制科学咨询委员会正式化。随着地位的改变，该委员会也更名为"WHO 烟草制品管制研究小组"，即 TobReg。该研究组由各国及国际科学家组成，研究领域包括产品管制、戒烟及烟草成分和释放物分析等。其工作致力于烟草制品相关问题的前瞻性研究，并意在填补控烟领域的研究空白。作为 WHO 正式部门，TobReg 组长向 WHO 执行委员会报告，以期引起各成员国关注其在控烟领域的努力，这是一个控烟方面新兴而复杂的领域。

TobReg 希望，本报告所包含的建议及其他建议和注意事项能给 WHO FCTC 的成员国带来帮助。这些成员国包括关键推进国（加拿大、欧盟及挪威），成员国（巴西、中国、丹麦、芬兰、匈牙利、约旦、肯尼亚、墨西哥、荷兰、泰国、英国），观察国（澳大利亚、法国和牙买加），以及其他志愿帮助公约临时委员会及 TFI 起草公约烟草制品管制条款实施纲要的国家。

该研究组也期待有一天，烟草制品管制实施纲要一旦被缔约方大会接受，会成为在国家及亚国家水平上烟草制品管制的一项"黄金法则"。最终，重要的是，在这些国家的控烟过程中，不仅要能在控烟立法中避免潜在漏洞，而且能在控烟法规的正式版本中留有余地，以期能将任何关于烟草制品或其他改进或新型烟草制品的最新内容考虑在内。

参 考 文 献

[1] *Conference of the Parties to the WHO Framework Convention on Tobacco Control, First session, Geneva, 6–17 February 2006.* Geneva, World Health Organization, 2006 (http://www.who.int/gb/fctc/E/E_cop1.htm, accessed 28 February 2007).

[2] *WHO Framework Convention on Tobacco Control.* Geneva, World Health Organization, 2003, updated reprint 2005 (http://www.who. int/tobacco/fctc/text/en/fctc_en.pdf, accessed 28 February 2007).

[3] *Monograph: advancing knowledge on regulating tobacco products.* Geneva, World Health Organization, 2001 (http://www.who.int/tobacco/ media/en/OsloMonograph.pdf, accessed 28 February 2007).

2. 烟草制品的成分及设计特性：其与潜在致瘾性和对消费者吸引力的关系

2.1 背　景

历史上，卷烟及其他烟草制品都免除其他消费品（如食品、饮料和药品等）所必需的控制成分及设计的健康和安全性标准[1-3]。尽管一些国家就烟草制品允许成分已开始开发和执行相关标准，但尚无全球普遍接受的准则和指导[2]。当前，除了通过仪器测定的焦油、烟碱和一氧化碳含量外，尚无针对烟草制品释放物的限制[2]。成分及设计管制中的一个重要注意事项就是当抽吸烟支（或其他用来燃烧或加热的烟草制品）时，在燃烧和热裂解过程中，其成分和设计的改变会使释放物成分相应改变。因为烟草含有致癌物及包括烟碱在内的其他有害成分，所以，即使没有燃烧或加热，也具有有害性及潜在致瘾性。

因此，本报告的主要内容是，在烟草制品的实际使用条件下，评估其成分及设计对其在燃烧、加热和非燃烧状态下释放物含量的影响。本报告的目的在于为评估烟草制品成分、设计与相关释放物关系的相关协议草案的达成提供建议。所以，尽管当前烟草制品成分及设计的具体指导意见对疾病及健康的影响尚未知，但我们期望，由这些建议产生的行动和其他全面控烟措施一道，将为减少烟草消费和相关疾病做出积极贡献。

烟草制品的毒性和潜在致瘾性与其成分、设计及释放物有关。成分和设计影响产品对消费者的吸引力，并和消费者初次及持续消费行为直接相关。在很长的历史时期内，烟草行业改造烟草制品成分、设计及其他相关因素来吸引消费者，以达到增加消费量及依赖性的目的，而这个过程往往会伴随着产品及释放物有害物质暴露量的增加[4-8]。

上述研究成果适用于所有 WHO FCTC[9] 管制的烟草制品，包括卷烟、口含非燃烧和非加热型烟草制品、比迪烟、丁香烟、水烟及自卷烟等。尽管如此，已有数据主要针对于卷烟和无烟烟草制品，这些产品也是本报告的关注重点。

2003 年，烟草制品管制科学咨询委员会在探讨烟草制品成分及释放物议题时，特别建议，应设定烟草制品及释放物有害成分含量上限[10]。通过与 WHO 国际癌症研究机构 (IARC) 及无烟草行动组 (TFI) 的合作，对该建议的贯彻已取得一些进展。尽管与 IARC 的合作方向是基于化合物的毒性来限制释放物，而本报告的主要着力点在于与潜在致癌性和吸引力相关的成分、释放物和设计特性。这些议题并不相互矛盾，因为正如本报告讨论的那样，成分、释放物和设计特性具有多重效应。

本报告中的建议基于新的科学发现，因此对科学咨询委员会在 2003 年所提建议的结论进行了更新和补充[10]。本报告的总体目标是为 WHO FCTC 的实施提供指导，特别是为第 9，10，11 条相关烟草制品成分、披露及包装标识的管制提供指导。

2.2　术　　语

与 WHO FCTC 及 2003 年科学咨询委员会建议所用术语一致，"contents" 和 "ingredients"（成分）为同义词。因此，"contents"

在此意为所有产品成分，生产这些成分的原料，农业生产及存储加工时的残留成分，能从包装材料迁移至产品中的物质，以及在某些国家和地区可能被定义为"添加剂"的"加工辅助物"。WHO 烟草制品管制研究小组认为，这些被普遍定义为"添加剂"的物质的定义及其管制依据各成员国的不同政策而不同，所以，WHO 呼吁，各成员国当前应对这些添加剂的管制政策加以调整，以使其包含潜在的大量产品成分，而这些成分很可能导致烟草制品的潜在致癌性和毒性。

"Emissions(释放物)"是指人们使用烟草制品时所有从中释放出来的物质。有证据表明，这些成分是烟草制品所导致大多数死亡和疾病的原因。对于卷烟和其他燃烧或加热型烟草制品，"释放物"是指"烟气"成分 (包括粒相物和气相物)。这些释放物包括：由消费者直接吸入的释放物，此类产品包括卷烟、比迪烟、丁香烟、水烟和其他燃烧或加热型烟草制品 ("主流烟气")，以及由非吸烟者和类似吸烟者所吸入的释放物 ("二手烟")。对于无烟烟草制品和非加热型产品，释放物是指在口嚼时所释放物质，包括因唾液和产品材料 (例如那些存在于原产品中的改变游离态烟碱相对比例的物质) 相互作用而发生变化的成分。

"Exposure(暴露量)"是指被消费者及其他暴露人群所摄入并吸收的释放物。尽管潜在释放物可以通过在各种条件下的仪器测量来估算，但是人体暴露量却只能用人体试验来评估。

"Attractiveness"或"consumer appeal"(吸引力)是指诸如产品的口味、气味和其他感官特性，以及易用性、灵活性、价格、口碑或图像、可能的风险和益处及其他特点等用以吸引消费者的因素。产品的物理特性经常与市场营销整合在一起。例如，"薄荷醇"、"薄荷"、"樱桃"等可用于吸引特定人群的口味，可能被包含到产品名称或描述中，并向这类人群营销。

在本报告中，依赖性相关术语的含义和 WHO 药物依赖性专家委员会 (2003)[11] 及 "ICD-10 精神及行为错乱分类：临床描述和诊断指南"(1992) 的定义一致 [12]，这些定义对这些专业术语进行了更详细的讨论。以下是这些在本报告中所使用的依赖性相关术语的简要定义。

"Addiction"（致瘾性）是普遍使用的术语，指具有技术上的"dependence"（依赖性），被广泛认为具有严重的物质依赖性，正如烟草消费者所经历的那样。同样，该术语被许多国家组织用以描述烟草依赖性，如英国皇家医学院 (2000)[13]、印度健康与家庭福利部 (2004)[14]、美国卫生部 (1988)[15] 和 WHO(2004)[4]。在本报告中，"dependence" 和 "addiction" 为同义词。

"Addictiveness" 和 "dependence potential"（潜在致瘾性）是指通过标准动物及人体试验（潜在致瘾性试验）所评估的药物的药理作用，该试验由 WHO 及其他组织对其他具有致瘾性的物质在国际及各国药品控制协定下进行评估 [11,16,17]。在本报告中，"dependence-causing"、"dependence potential" 分别和 "addictive"、"addictiveness" 为同义词。

对于任何物质，包括烟碱，除了物质本身所具有的特性外，潜在致瘾性还与摄入剂量、吸收速率及产品物化性质有关。尽管任何物质的致瘾性风险与传输吸收装置的吸引力和 / 或易用性等特点有关，但这些特点在潜在致瘾性试验中并未涉及，却在影响"吸引力"的因素中被广泛描述。

2.3 潜在致瘾性和危害性的关系

能改变潜在致瘾性和吸引力的成分及设计因素能直接（如增加有害成分释放）或间接（如增加使用量及持久性）对有害性造成影响。例如，具有糖果及独特口味的烟草制品可能会吸引年轻人尝试并使其上瘾（见本报告第3章），故其流行是一个重大公众健康问题。这些经过调味的烟草及相关品牌具有鲜艳的颜色及时尚的包装，这些风味会掩盖烟气中的刺激性及有害性，以之销给年轻人及其他高危人群。

卷烟（以及比迪烟、丁香烟和水烟）因其设计和成分都会促进和增强致瘾性，并导致肺部对有害物质的深度暴露，而与大部分烟草所致疾病都相关。这些产品的烟气呈弱酸性，相对于烟气呈碱性的大部分烟枪和雪茄，这种烟气更容易被人体吸入。烟碱在肺部吸收具有致瘾的高风险性，因为其中一小部分能够快速被大脑吸收，从而使卷烟及其他烟草制品的吸烟人群通过烟气重复和持续地吸收烟碱。

2.4 成分和设计对潜在致瘾性的影响

2.4.1 烟碱摄入量

烟草制品具有潜在致瘾性的决定性因素是其能够传输具有药理活性含量的烟碱[18,19]。生产商可小心控制烟碱摄入量，以确保该含量足够使特定人群产生期望的效应，如放松感及精神的敏感度等，同时减少诸如恶心、中毒等不良反应[20-22]。

2.4.2 其他成分

一些成分和设计可能会增强潜在致瘾性和／或对消费者的吸引力，进而也可能增加有害物质暴露量[23,24]。例如乙醛[25]，一种糖类物质燃烧和／或热裂解的副产物，就是可能加强烟碱致瘾性的已知致癌物。巧克力及其衍生物的加入增加了香味和口感，进而增强致瘾性，并可能增强烟气的致癌性[6,26,27]。

一些特定添加剂（卷烟中的薄荷醇、丁香烟中的丁香酚等）被特意加入到烟草制品中，以减少烟气的刺激性，使吸烟者吸入更多的致瘾性及有害物质。许多消费者抽吸通常被宣传为低毒性的带有丁香酚及薄荷醇的卷烟；这些添加剂可能使消费者产生卷烟危害性变低的错觉。例如，在东南亚地区，人们将灰加入到烟草中来制作"iq'mik"，将石灰加入到烟草中来制作"khaini"，"naswar"和"zarda"。这些物质可能改变产品的吸引力和／或易用性，进而增加致瘾性风险。国际标准化组织／美国联邦贸易委员会(ISO/FTC)估计，烟草制品中的薄荷醇、巧克力、甘草、外观处理和烟气量也会增加人们消费或重复消费此类产品的风险[4,6,25,27-29]。

2.4.3 通过控制 pH 及游离态烟碱含量来调控烟碱传输速率

对于大多数致瘾性药物来说，吸收速率对致瘾性和增强效果有影响：更快的吸收速率导致更强的致瘾性和增强效果（即"效应"）[17]。

对于烟草制品，传输速率和效应、致瘾性及增强效应与烟草制品和／或释放物中烟碱非质子态或"游离"态（也被称为非电离的游离态）的比例有关。在 pH 为 8 的潮湿烟草制品或烟气中，大约 50% 的烟碱呈自由态。因为 pH 的标度为对数，故 pH 的相对微小变化能对烟碱含量产生巨大影响。例如，pH 为 7 时，7% 的烟碱是游离态；pH 为 9 时，超过 80% 的烟碱为游离态。通过大量其他研究所得出的可能机理 [4,25,27,30-32]，游离态烟碱能提高烟碱抵达脑部位点的速度，进而增加产品的潜在致瘾性。

烟草和烟气的 pH 可能主要通过烟草加工和卷烟生产过程中氨化合物和其他物质的加入来调节。这些成分可用来优化游离态烟碱含量，进而调节潜在致瘾性 [4,20,21,25,27,30,33]。

卷烟滤嘴通风设计也会调节烟气中游离态烟碱含量。例如，当卷烟处于高通风条件下，游离态和非质子态烟碱含量水平在 30%~40%。当卷烟滤嘴通风较差时，游离态烟碱占总烟碱比例则很小。因此，当抽吸卷烟时通风口未堵上，烟碱的总传送量就较小，但其中许多处于游离态。这是一个重要的设计特性，因为不管通风口是否被堵上，具有高通风量的卷烟都能提供保持致瘾性的足够量的游离态烟碱。在设计高通风量的卷烟时，加入的碱性物质（如氨）的量较少。如果在高通风量的卷烟中加入和低通风量卷烟一样多的氨，这些游离态烟碱可能会将消费者击垮。

雪茄和烟斗的烟气往往具有弱碱性，pH 为 7.5~8.5，但是产品之间和各连续口之间的差异也较大。此 pH 范围使烟碱在口腔中得到有效及快速的吸收，进而减弱肺部吸收，而后者能导致及保持致瘾性 [34]。碱性烟气的吸入比弱酸性烟气更有害。比如，和卷烟相比，雪茄和烟斗减少了烟气的吸入，进而降低了人们肺部疾病的风险。当雪茄和烟斗消费者和许多卷烟消费者吸入一样多的烟气时，其肺部疾病的风险和后者一样多[35]。

在无烟烟草制品中，烟草 pH 对游离态烟碱含量水平的影响已得到深入研究。对于一些口含烟草制品，如用于口嚼的粉碎烟叶，其特有的低 pH 可使产品中的烟碱在咀嚼过程中缓慢释放。对于俗称湿鼻烟的口含无烟烟草制品，如"snus"，其产品的设计和使用理念为，利用足够的缓冲材料调节 pH，使在人们口含这些产品的时间内，烟碱处于游离态。在实际使用过程中，可通过控制产品的缓冲体系和 pH 来为特定人群提供所需游离态烟碱含量水平。比如，"starter"就比那些消费人群为老烟民或成瘾人群的产品游离态烟碱含量低。

一些地方零售商或消费者也可能会通过添加剂来改变许多无烟烟草制品的游离态烟碱含量水平。例如，通过将灰加入到烟草中来制作"iq'mik"，将石灰加入到烟草中来制作"khaini"、"nass"和"pan masala"，或将烟草与石灰共沸来制作"zarda"，进而提高烟草的 pH 和游离态烟碱含量，增加产品的潜在致瘾性。尽管人们一直以这种方式使用这些产品，但是告知这些人该产品有更大的潜在致瘾性及更强的危害性，也是很重要的。

2.5 管制建议及挑战

所有烟草制品都含有可被管制的成分和释放物。因为非燃烧和非加热型烟草制品的释放物主要是其本身含有的成分，所以其成分管制应该是可行及有效的。对于燃烧或加热型烟草制品，尽管在管制中也应考虑特定的添加剂和设计特性（如氨、巧克力、玻璃纤维和卷烟通风),但将管制方向集中在释放物上或许更实际。

这种双管齐下的措施和烟草行业本身所强调的其产品发展及评估中释放物的本性和可接受性是一致的[1,2,5,21]。这包括烟草行业对烟气("烟气化学"和外观)的物理特性及其对潜在消费人群可接受性的研究[21,36]。烟草制品的物理设计与化学成分相互作用,并对产品的性能和效应产生影响[2,21],例如,卷烟及非燃烧和非加热型烟草制品中的烟叶切割尺寸、酸度(即 pH)以及存在的影响产品中烟碱释放的其他物质[3,21]。同样,也可通过改变卷烟理化性质来影响传输烟碱及其他物质的气溶胶颗粒的粒径,进而影响吸收[21]。

人们对烟草制品成分和释放物的关注表明,烟草制品对健康的影响取决于它们的物理特性、化学组成及使用方式[2,3,13,37,38]。例如,相对于对单个有害物质含量较高的烟草制品的低频率或短时间使用,对单个有害物质含量较低的烟草制品的高频率或长时间使用的健康风险要高[39-41]。因为烟草行业有很长一段历史时期在降低卷烟表观危害性的同时不断致力于提高产品销量,所以,烟草管制策略在致力于减害的同时,必须对销售情况和消费者使用情况进行监督,以发现其有害影响[3,41]。

应该意识到,烟草是一类特殊消费品,如果全球没有一个庞大的成瘾人群,在任何消费者条例下,该类产品都是不会被推向市场的。在一个文明社会里,如果一种产品的制造商有意导致消费者死亡或过早死亡,则该产品是没有立足之地的。确实,基于这个非常原因,其他产品(如食品、化妆品及药品)的管制标准,是不能被简单套用到烟草制品管制上的。因此,烟草制品管制需要一个非常规手段,即承认该产品当前对人们造成的不可接受的危害。因为烟草制品释放物相互之间的差别非常大,并由数千种有害物质组成,一种途径就是基于其毒性为特定成分设定上限，从而作为有效管制方法的一部分来减少释放物中有害物质含量。对烟草制品成分及释放物中影响致瘾性和 / 或吸引力的物质可以采取相同的措施[7,42]。

值得注意的是，对许多产品来说，设置管制限量是通过规定安全暴露水平来实现的。然而，烟草制品中的有害物质含量很高，以致不能基于成分安全水平或产品安全来制定管制策略。必须承认的是，设定成分和释放物最高限量并不能降低健康危害，因为这样并不一定降低暴露，并且暴露量和疾病之间的关系并不是简单的暴露水平的作用。因此，不能依据这些建议来开发新的对产品特征的描述，也不应用来宣称产品对健康有益或有其他影响。需要澄清的是，健康影响包括所有形式的与烟草相关的损害和疾病，包括致瘾性。

2.5.1 个体及地方作坊式烟草制品

地方生产的口含无烟烟草制品，以及非卷烟式的用于抽吸的烟草制品，为管制和信息交流带来了特殊挑战。在印度及东南亚的一些国家，个体及不正规小公司可能在将来难以管制，这些公司的口含无烟烟草制品、丁香烟、比迪烟、"gutka"及其他烟草制品占到相当大的份额。纵使这些产品是在正规的公司销售，其生产也经常是在家庭作坊式的地方进行。此外，这些产品的生产方式往往差别很大，且其添加剂也会随着季节和地方偏好而不同。所以，很可能出现的一种情况是，尽管几乎所有的地方制造商都得到有效的管制（这个过程可能会持续许多年），依然会有许多人使用个体、作坊式及非正规"公司"生产的烟草制品作为个人及地方消费。

2.5.2 烟碱含量

烟碱是烟草致癌的主要药理学因素，所以将烟碱从烟草制品中去掉会有可能显著降低烟草潜在致癌性及消费量。然而，在可预见的将来，这个目标是不大现实的。全球超过 13 亿烟民大部分都对烟碱依赖，所以突然去除烟碱是不实际的。基于此，降低烟碱含量的策略需要一个长期的过程。相反，显著增加有害物质中烟碱的含量会至少稍微降低有害物质的日摄入量。然而，这种方法能否显著降低烟草释放物中有害物质及致癌物的暴露水平尚且未知。

2.5.3 对潜在致癌性的评估及管制

WHO 及其他组织运用动物及人体模型等实验室方法来评估具有潜在滥用性物质及其他产品的潜在致癌性 [11,16,17]。这些方法也被应用到烟草制品及其他烟碱传输系统 [15,43]。正如烟草行业科学家所研究的那样，这些方法能通过测定烟草制品成分和释放物来推测其潜在致癌性 [44]。这些方法在物理混合物和复合混合物方面的应用比在单一化合物方面的应用要少，因此，这些方法应用在烟草制品相关领域时，需要进一步修改和验证，正如当前其在各种具有药理性质的混合物评估方面的应用一样 [17]。

下述结论将为未来的研究提出具体建议及主题，反之，研究也可能提供进一步的建议。

2.6 结 论

(1) 烟叶的管制应与其他许多农产品一样，即除纯度、污染物和允许使用的化学品外，生产、制造及包装过程也应受到检测和管制。例如，许多国家的烟草制品可能包含大量在生产、加工及存储过程中无意引入的非烟草污染物和副产品，包括 (但不限于) 杀虫剂 (包括农药)、微生物以及动物和昆虫排泄物及残肢。

(2) 现代分子生物技术可以并且已经应用到烟草领域，并培育出转基因品种，这些品种能够合成一些化学物质 (如农药) 而具有抗虫性。

(3) 用以抽吸或加热的烟草制品不同于一般消费品的是其释放物 ("烟气")，管制的主要焦点应集中在释放物上。

(4) 充分加香加料的烟草制品通过越来越复杂的设计及营销来吸引年轻人及不吸烟者。

(5) 烟草制品，如卷烟 (机器造或手工卷)、烟斗、雪茄、水烟和比迪烟等，其燃烧和热裂解而产生的化合物经消费者吸收后，会增大烟碱的致瘾性。

(6) 卷烟成分及释放物管制目的是支持控制烟草带来疾病的努力，预防不吸烟者吸烟，鼓励戒烟，并减少烟草消费人群对有害物质的暴露量。

(7) 非燃烧和非加热型烟草制品也会产生释放物，这些释放物具有致瘾性和毒性，故也须加以管制。

(8) 这种烟草制品管制的目的之一是通过周期性设置标准来逐步

降低其组成和释放物中的有害物质含量。添加剂及释放物的管制基于降低产品中有害物质含量，进而维护公众健康，而释放物成分的改变与其致病风险的改变相联系的复杂性在于：如何避免基于这些管制带来变化所引申出的任何明示或暗示的减害声明。

2.7 研 究 需 求

(1) 需在评估烟草制品组成及设计对潜在致瘾性影响的方法方面特别注意，因为这些方法还没有在烟草领域得到广泛应用。

(2) 需要系统研究烟草制品组成及设计对这些产品 (包括糖果或特殊风味) 的各种消费人群 [包括儿童、青少年、男性与女性、种族 (美国的含有薄荷醇的卷烟) 以及曾经的烟草消费群] 的吸引力。

(3) 每单位烟草制品 (如每支卷烟) 中烟碱含量升高或降低对公众健康的影响是好是坏目前仍不清楚，所以，需要在这方面加以进一步研究。

(4) 需要研发能够降低产品毒性、吸引力和致瘾性的组成及设计，从而为监管部门提供使产品得到较大程度改善的相关措施的技术支持。值得注意的是，鉴于该建议的一个前提不是对烟草制品的组成及设计进行调查和提供任何指导，同样，有时候监管部门要求对产品进行某种形式的修改 (就像要求汽车装安全带那样) 时，应该考虑一些产品特性是否值得研究。

(5) 烟草使用方式对成分、吸引力及致瘾性的潜在影响需要通过人群监督及调查来发现意外的结果，并为监管部门提供调整监管措施的信息。

(6) 需要研究在不除去非燃烧和非加热型烟草制品致瘾性剂量烟碱的前提下而降低其致瘾性和吸引力的可能性。

(7) 需要研究烟草制品所传输游离态 (非质子态) 烟碱与质子态烟碱的比例对感官、吸收速率、吸收量及致瘾性的影响。

(8) 需要研究燃烧或加热型烟草制品的气溶胶粒径及其分布对感官、吸收程度及速率、毒性及致瘾性的影响。

2.8　管　制　建　议

(1) WHO FCTC 相关条例及各国和各地区控烟行为的实施可能对不吸烟者吸烟、戒烟和健康造成影响。需要对控烟结果进行监督和研究，以评估这些管制措施对控烟结果的影响，并按照要求调整相关管制过程。

(2) 不应允许基于烟草成分及释放物的健康声明或相关产品符合烟草成分和释放物管制标准的声明。

(3) 非燃烧或非加热型产品的管制对象是产品成分和设计，而燃烧和 / 或加热型产品的管制对象是产品成分、设计和释放物。

(4) 燃烧或加热型产品的成分和设计应向有利于降低致瘾性的方向改变。

(5) 管制者应监控所有烟草制品及其释放物中游离态烟碱的比例。

(6) 监管措施应禁止生产和销售类似糖果及其他特殊风味来吸引年轻人及不吸烟人群的烟草制品。

(7) 以任何目的在烟草制品中使用转基因烟草均应告知监管部门

及消费者。

(8) 监管人员应针对烟草制品在农业生产、加工及存储过程中所无意引入的污染物，例如 (但不限于) 农药、微生物及动物与昆虫排泄物和残肢建立标准并加以监管。

(9) 对提升烟草制品吸引力和口味的成分和设计进行管制是必需的，因为这些因素对不吸烟者吸烟、消费方式、产品选择和消费持久性有影响，进而对健康产生直接影响。

(10) 测定及降低烟草致瘾性的工作应与测定及降低药品致瘾性的方法相一致，这些方法包括 WHO 进行国际药物控制时所使用的标准化滥用倾向测试规程。

(11) 为加快对成分、设计及释放物对致瘾性、吸引力和口味的影响的理解和控制，应成立专家委员会来对烟草制品进行评估，并对其潜在控制目标提供建议。该委员会的工作应与 TFI 和 IARC 的协同工作相一致，以期为实现减少致癌物和其他有害物质的潜在目标提供建议。

(12) 对于燃烧或加热型烟草制品，不应有能够增强烟碱效能及释放物毒性的成分。

(13) 对于燃烧或加热型烟草制品，不应有能够增强烟碱效能及释放物毒性的设计。仍须做进一步研究来对此项建议进行指导。

(14) 对于非燃烧和非加热型烟草制品，不应有能够增强烟碱效能及释放物毒性的添加剂。

(15) 对于非燃烧和非加热型烟草制品，不应有能够增强烟碱效能及释放物毒性的设计。

(16) 对于印度、东南亚部分地区及其他 WHO 地区，很大比例的烟草制品在当地生产，且没有标准的成分检测及制造方法，所以，必须向消费者及监管部门提供产品成分及设计对毒性和致癌性潜在影响的信息。这些沟通必须不断跟进，以满足地区和特有产品的需求。

(17) 应告知消费者，丁香烟和薄荷烟中的添加剂能掩盖其释放物中的刺激感，从而绕过人体正常的防御系统，而这种防御系统能防止人体对有害物质的暴露。

(18) 应告知在非洲地区、美洲(特别是阿拉斯加)地区、东南亚地区和其他 WHO 地区的无烟烟草制品消费者，其传统烟草制品中的一部分添加剂可能会增强致癌性(如缓冲试剂、香味成分及其他具有精神效应的成分，如槟榔果)，且这些产品并不是卷烟的安全替代品。应告知处于育龄期的妇女和有孩子的父母使用具有致癌性增强效应的烟草制品的危险性，尽管这些产品已经得到长期使用。

(19) 应制定可快速执行的时间表。该时间表应对控烟资源及能力加以考虑，并在实现一些目标时，对其他目标进行重审，并继续致力于完成其他新的目标。

参 考 文 献

[1] Slade J, Henningfield JE. Tobacco product regulation: context and issues. *Food and Drug Law Journal*, 1998, 53(Suppl.):43–74.

[2] *Monograph: advancing knowledge on regulating tobacco products*. Geneva, World Health Organization, 2001 (http://www.who.int/tobacco/media/en/OsloMonograph.pdf, accessed 28 February 2007).

[3] Stratton K et al., eds. *Clearing the smoke: assessing the science base for tobacco harm reduction*. Institute of Medicine, Washington, DC, Na-

tional Academy Press, 2001.

[4] WHO Study Group on Tobacco Product Regulation. *Guiding principles for the development of tobacco product research and testing capacity and proposed protocols for the initiation of tobacco product testing: recommendation 1.* Geneva, World Health Organization, 2004.

[5] Hurt RD, Robertson CR. Prying open the door to the tobacco industry's secrets about nicotine: the Minnesota Tobacco Trial. *Journal of the American Medical Association*, 1998, 280:1173–1181.

[6] Bates C, Connolly GN, Jarvis M. *Tobacco additives: cigarette engineering and nicotine* addiction. London, Action on Smoking and Health, 1999.

[7] Henningfield JE, Zeller M. Could science-based regulation make tobacco products less addictive? *Yale Journal of Health Policy, Law and Ethics,* 2002, 3:127–138.

[8] Kessler D. *A question of intent: a great American battle with a deadly industry.* New York, NY, Public Affairs, 2001.

[9] *WHO Framework Convention on Tobacco Control.* Geneva, World Health Organization, 2003, updated reprint 2005 (http://www.who.int/tobacco/fctc/text/en/fctc_en.pdf, accessed 28 February 2007).

[10] Scientific Advisory Committee on Tobacco Product Regulation. *Recommendation on tobacco product ingredients and emissions.* Geneva, World Health Organization, 2003 (http://who.int/tobacco/sactob/recommendations/en/ingredients_en.pdf, accessed 28 February 2007).

[11] *WHO Expert Committee on Drug Dependence. Thirty-third report.* Geneva, World Health Organization, 2003 (WHO Technical Report

Series, No. 915).

[12] *The ICD-10 classification of mental and behavioural disorders: clinical descriptions and diagnostic guidelines.* Geneva, World Health Organization, 1992.

[13] Royal College of Physicians of London. *Nicotine addiction in Britain: a report of the Tobacco Advisory Group of the Royal College of Physicians.* London, Royal College of Physicians of London, 2000.

[14] World Health Organization, Ministry of Health and Family Welfare, Government of India, and Centers for Disease Control and Prevention. *Report on tobacco control in India.* New Delhi, WHO Regional Office for South-East Asia, 2004 (http://repositories.cdlib.org/tc/whotcp/India2004, accessed 28 February 2007).

[15] *The health consequences of smoking: nicotine addiction: a report of the Surgeon General.* Rockville, MD, United States Department of Health and Human Services, Public Health Service, Centers for Disease Control, 1 Center for Health Promotion and Education, Office on Smoking and Health, 1988 (DHHS Publication No.(CDC) 88–8406).

[16] Expert Panel (JE Henningfield and CE Johanson, Rapporteurs, EM Sellers, Chair). Abuse liability assessment of CNS drugs: conclusions, recommendations, and research priorities. *Drug and Alcohol Dependence*, 2003, 70(Suppl.):S107–114.

[17] Grudzinskas C et al. Impact of formulation on the abuse liability, safety and regulation of medications: the expert panel report. *Drug and Alcohol Dependence*, 2006, 83(Suppl.1):77–82.

[18] Benowitz NL, Henningfield JE. Establishing a nicotine threshold for

addiction. The implications for tobacco regulation. *New England journal of Medicine*, 1994, 331: 123–125.

[19] Henningfield JE et al. Reducing the addictiveness of cigarettes. *Tobacco Control*, 1998, 7: 281–293.

[20] Food and Drug Administration. Regulations restricting the sale and distribution of cigarettes and smokeless tobacco products to protect children and adolescents; proposed rule analysis regarding FDA's jurisdiction over nicotine-containing cigarettes and smokeless tobacco products; notice. *Federal Register*, 1995, 60: 41314–41792.

[21] Food and Drug Administration. Regulations restricting the sale and distribution of cigarettes and smokeless tobacco to protect children and adolescents; final rule. *Federal Register*, 1996, 61: 44396–45318.

[22] Carpenter CM, Wayne GF, Connolly GN. Designing cigarettes for women: new findings from the tobacco industry documents. *Addiction*, 2005, 100: 837–851.

[23] Henningfield et al. Reducing tobacco addiction through tobacco product regulation. *Tobacco Control*, 2004, 13: 132–135.

[24] Henningfield JE, Burns DM, Dybing E. Guidance for research and testing to reduce tobacco toxicant exposure. *Nicotine and Tobacco Research*, 2005, 7: 821–826.

[25] Wayne GF, Connolly GN, Henningfield JE. Assessing internal tobacco industry knowledge of the neurobiology of tobacco dependence. *Nicotine and Tobacco Research*, 2004, 6: 927–940.

[26] Carpenter CM et al. New cigarette brands with flavors that appeal to youth: tobacco marketing strategies. *Health Affairs*, 2005, 24:1601–

1610.

[27] Wayne GF, Connolly GN, Henningfield JE. Brand differences of free-base nicotine delivery in cigarette smoke: the view of the tobacco industry documents. *Tobacco Control*, 2006, 15:189–198.

[28] Wayne GF, Connolly GN. How cigarette design can affect youth initiation into smoking: Camel cigarettes 1983–93. *Tobacco Control*, 2002, 11(Suppl. 1):i32–i39.

[29] Wayne GF, Connolly GN. Application, function, and effects of menthol in cigarettes: a survey of tobacco industry documents. *Nicotine and Tobacco Research*, 2004, 6(51): S43–S54.

[30] Hurt RD, Robertson CR. Prying open the door to the tobacco industry's secrets about nicotine: the Minnesota Tobacco Trial. *Journal of the American Medical Association*, 1998, 280: 1173–1181.

[31] Fant RV et al. Pharmacokinetics and pharmacodynamics of moist snuff in humans. *Tobacco Control*, 1999, 8: 387–392.

[32] Henningfield JE, Pankow JF, Garrett BE. Ammonia and other chemical base tobacco additives and cigarette nicotine delivery: issues and research needs. *Nicotine and Tobacco Research*, 2004, 6: 199–205.

[33] Henningfield JE et al. Does menthol enhance the addictiveness of cigarettes? An agenda for research. *Nicotine and Tobacco Research*, 2003, 5: 9–11.

[34] Baker F et al. Health risks associated with cigar smoking. *Journal of the American Medical Association*, 2000, 284: 735–740.

[35] Wald NJ, Watt HC. Prospective study of effect of switching from cigarettes to pipes or cigars on mortality from three smoking related dis-

eases. *British Medical Journal*, 1997, 314:1860–1863.

[36] Abdallah F. Tobacco taste: an introduction to the sensory properties of tobacco smoke. *Tobacco Reporter*, November 2002, pp. 52–56.

[37] Hoffmann D, Hoffmann I. The changing cigarette, 1950–1995. *Journal of Toxicology and Environmental Health*, 1997, 50:307–364.

[38] Peto R et al. Health effects of tobacco use: global estimates and projections. In: Slama K, ed. *Tobacco and Health. Proceedings of the Ninth World Conference on Tobacco and Health, 10–14 October 1994, Paris.* New York, NY, Plenum Press, 1995:109–120.

[39] Doll R, Peto R. Cigarette smoking and bronchial carcinoma: dose and time relationships among regular smokers. *Journal of Epidemiology and Community Health*, 1978, 32:303–313.

[40] Burns DM et al. *Changes in cigarette-related disease risks and their implication for prevention and control.* Bethesda, MD, United States Department of Health and Human Services, National Institutes of Health, National Cancer Institute, 1997 (Smoking and Tobacco Control Monograph No. 8; NIH Publication No. 97–4213).

[41] *Risks associated with smoking cigarettes with low-machine measured yields of tar and nicotine.* Bethesda, MD, United States Department of Health and Human Services, National Institutes of Health, National Cancer Institute, 2001 (Smoking and Tobacco Control Monograph No. 13; NIH Publication No. 02–5074).

[42] Myers ML. Regulation of tobacco products to reduce their toxicity. *Yale Journal of Health Policy, Law and Ethics,* 2003, III:139–147.

[43] LeFoll B, Goldberg SR. Nicotine as a typical drug of abuse in experi-

mental animals and humans. *Psychopharmacology*, 2006, 184:367–381.

[44] DeNoble VJ, Mele PC. Intravenous nicotine self-administration in rats: effects of mecamylamine, hexamethonium and naloxone. *Psychopharmacology*, 2006, 184: 266–272.

3. 糖果口味烟草制品：研究需求及管制建议

3.1 引　　言

　　烟草制品存在种类繁多的品种，以尽可能多地吸引消费者。有一种烟草品牌风格在年轻人及不吸烟人群中广受欢迎，即经调味的烟制品草，特别是糖果口味的烟草制品。在烟草行业中，调味剂的应用有很长历史；然而，新技术的使用使调味剂更加有效地添加到烟草中。调味剂主要通过使用乙醇载体、微胶囊，热激活或添加有过滤器的添加剂，在烟草制品制造终端加入。给年轻人提供这些经高度调味的烟草制品，使人们对烟草行业的做法提出了质疑，特别是他们选择年轻人作为目标消费群体的做法。当前对于这些产品管制的缺失引起了控烟领域深深的忧虑。考虑到当前针对调味烟草制品的研究很少，WHO TobReg 敦促卫生部门出台公共卫生条例，以减少此类烟草制品的销售和使用。基本的公共卫生原则表明，受污染的食品或高度致瘾性的药物不应添加调味剂以使之更具有吸引力。

3.2　提出建议的目的

在与烟草消费所造成致命健康影响的斗争中，WHO 烟草制品管制研究小组准备了下列建议，以期引起人们对调味烟草制品不断增加及其潜在健康危害的关注，尤其是这些产品对年轻人和不吸烟人群的吸引。这些建议的目的在于：为关注调味烟草制品潜在危害的 WHO 及其成员国提供指导；为监管部门对 WHO FCTC 条例的实施提供指导；告知公众调味烟草制品的潜在危害。该建议也为致力于更深入了解调味烟草制品的研究人员及研究机构提供指导，并为从事反烟和戒烟的人们提供指导。

WHO FCTC 缔约方大会密切关注 FCTC 第 9，10，11 条的相关控烟条例。因此，调味烟草制品也是烟草制品家族中的一种，并对世界人民的身体健康构成严重威胁。

3.3　背　　景

在烟草制品中添加调味剂具有很长的历史 [1,2]，可追溯到 19 世纪，当时向白肋烟中添加糖蜜来制作"美国牌"混合型烟草。近年来，烟草制造商通过开发诸如卷烟、雪茄、无烟烟草、丁香烟、比迪烟及水烟等一系列经调味的具有品牌特征的烟草制品，逐步改变了现状。近年来调味烟草制品的生产与发展是一个主要的公众健康问题。这些品牌以其鲜艳和时尚的包装，以及能够掩盖烟气中刺激性和毒性的口味，向年轻人及少数人群发动猛烈的营销攻势 [3-5]。

调味剂能掩盖烟气中的刺激性味道，进而诱惑青少年吸烟。调味添加剂还能通过增强烟气的感官补偿效应使烟草更容易上瘾。还原糖是许多调味烟草制品的主要添加剂，该添加剂能导致烟气中的乙醛含量上升，从而增加烟气的致癌性和毒性。

通过对烟草行业内部文件的分析表明，烟草企业通过一系列添加剂来改变烟气传输[6-8]和环境烟气[9]的感官和影响。

对烟草行业内部文件的研究表明，调味剂在烟草行业吸引年轻人和不吸烟者吸烟方面可能发挥重要作用。薄荷醇被用来吸引不同人群的新吸烟者[10]，巧克力、香草醛和甘草等添加剂一直被用来作为扩大骆驼牌卷烟在年轻人中市场份额的行业努力奋斗内容的一部分[6]。添加剂还被认为通过调味剂来掩盖烟气中的刺激味道以吸引年轻人[8]。

年轻人和不吸烟者更容易受到诱惑来尝试经调味的卷烟产品，因为这些诱人的调味剂掩盖住了烟气的刺激性和毒性，对新手有更大的吸引力。

糖果口味的调味剂不但影响烟气的感官和吸入，如改变烟气的刺激性、柔顺性、香气和抽吸方式，而且其热裂解也会改变烟气的化学特性和毒性。

据推测，近年来推出的经调味的卷烟和其他烟草制品是吸引年轻人的方式之一[4]，而且烟草行业的相关文件表明，这种吸引方式与年轻人和更没经验的消费者吸烟有关[11]。1984年布朗和威廉姆森公司所做消费调查表明，调味卷烟在年轻人及缺乏经验的吸烟者中要流行得多。

对不同年龄段口味和调味剂喜好差异的内部研究表明，年轻吸烟人群对独特和奇异的香料持更开放态度[11]。而且，烟草行业内部研究表明，年轻及无经验吸烟人群可能也对调味卷烟的抵抗力尤其差。例如，1992年，菲利浦·莫里斯公司对一系列香料在年轻吸烟人群中进行了测试，并确定了一大批可能的消费者利益点，如通过令人愉悦的香味和余味来增加社会接受度，增加兴奋度（如香味共享等）、吸烟愉悦感和"对事物强烈的好奇心"等[12]。

对这些调味烟草制品的管制充满了挑战。有害消费品不应添加其他成分来掩盖其口味的潜在有害性，如不应向受污染的食品中添加糖类物质，这是基本的公共卫生原则。烟草制品生产商却向致瘾性和危险产品中添加诱惑性的调味添加剂。管制策略需要集中于人群和个体水平上的后果。在执行这些管制措施时，需要研究这些产品对年轻人吸烟、二手烟暴露和戒烟的影响。

然而，传统公共卫生原则以及当前证据表明的调味烟草制品在年轻人中间的流行性都需要我们马上采取行动。至少管制者应要求烟草制品特别是调味烟草制品对调味物质进行品牌和含量水平的披露，2003 年荷兰就立法要求这样的信息披露。随着研究不断向前推进，还须采取其他的管制措施，如禁止在新产品中使用调味剂，在现有产品中设定调味剂限量等。

薄荷味卷烟是一类流行的调味烟草制品，并在一些特别地区和人群中占绝对比例，如美国的非裔美国人等。至今，在美国禁止调味烟草制品的提议不包括薄荷醇，因为这类产品已得到广泛接受。到目前为止，除冬青油鼻烟已发展很多年外，其他调味剂还没有在广告中出现。

3.4 调味烟草制品的描述

3.4.1 品牌

许多商业烟草制品中添加有调味剂。表 3.1 为 2006 年 4 月市售调味卷烟示例。表 3.2 为 2006 年 4 月市售调味无烟烟草制品、雪茄、水烟、比迪烟和丁香烟示例。这些调味烟草制品可在零售店和网店上购买。

近年来，大量调味烟草制品的下属品牌得到快速增长。例如，在美国，国家级的数据表明，在 1997 年，除了薄荷、绿薄荷和冬青油，樱桃口味"Skoal"无烟烟草是唯一可选的糖果口味。到 2004 年，"Skoal"也出现了苹果、浆果和香草口味的无烟烟草下属品牌。由该品牌的网站可知，一种新的桃子口味的混合型品牌已经出现 [13,14]。

某种调味烟草品牌的不断变化会给人们造成"新型"和"喜庆"的错觉。例如，在两年内 (2003~2004 年)，"Bayou Blast"与"Mardi Gras"生产同一种口味，而 2003 年，"Midnight Madness"又作为新年新品被推出 [15]。一些特定的调味烟草制品被定时推出，如雷诺公司的"Exotic Camel"，证明这些产品的作用是作为"开拓型"卷烟而不是用以创造和维持产品忠诚度而推出的常规品牌卷烟。

图 3.1　调味卷烟产品示意图

资料来源：经出版者许可，引自参考文献 [15] 并重新制作

表 3.1 添加调味剂的卷烟品牌示例

国家	生产商	品牌	调味剂
比利时	Kretek 国际公司	Sweet Dreams	香草、巧克力摩卡、薄荷、樱桃
丹麦	Mac Baren 烟草公司	Arango Sportsman（自卷烟）	香草
德国	Von Eicken Group	Harvest（自卷烟）	樱桃、桃子、香草、草莓、薄荷
印度尼西亚	P.T. Djarum	嘉润	樱桃、香草、Splash、Bali Hai
荷兰	Kretek 国际公司	Liquid Zoo	椰汁、草莓、薄荷
	VCT BV 烟草公司	激情	樱桃、蜂蜜、香草、咖啡
美国	布朗和威廉姆森烟草公司	KOOL[a] Smooth Fusions	午夜浆果、加勒比冷静、摩卡禁忌、Mintrigue
	Kretek 国际公司	Natural Dreams	香草、樱桃
	雷诺烟草公司	Exotic Camel	规律分布：柑橘薄荷、Twist、Izmir Stinger、咖啡脂、黑薄荷 有限分布：曼德勒青柠、海滩冰锐、玛格丽特混合、Bayou Blast、Back Alley Blend、Kauai Kolada、Twista、青柠、午夜疯狂、冬日摩卡、暖冬太妃糖
		Salem Silver[a]	神秘岛、冰与火、暗电流、Deep Mintrigue
	Top 烟草公司	野火（自卷烟）	樱桃、玛格丽特、日出草莓、丝绒桃子

a 暂不可得。

资料来源：雷诺烟草公司 (www.smokerswelcome.com); My cigarettes (www.mycigarette.com); Rollyourown.com (www.rollyourown.com); Ryocigarette (www.ryocigarette.com); Smoke-Spirits.com (www.smoke-spirits.com); Trinkets and Trash: artifacts of the tobacco epidemic(http://www.trinketsandtrash.org)

表 3.2　添加调味剂的其他烟草制品示例

产品类型	国家	生产商	品牌	调味剂
比迪烟	印度	Dhanraj 进口公司	Darshan	柑橘、葡萄、覆盆子、野樱桃、肉桂、巧克力
		Sopariwala 进口公司	Soex	巧克力、香草、薄荷、草莓、樱桃、混合水果、咖啡、葡萄、茴香、树莓、酸橙柠檬、椰子、丁香、豆蔻、黑甘草
	美国	Kretek 国际公司	Om	草莓、香草、樱蜜、蜂蜜、巧克力
			White Rhino	草莓、巧克力、薄荷、香草、野樱桃、葡萄
雪茄烟	多米尼加共和国	HBI 国际公司	Juicy Blunt Wraps	果汁、覆盆子、桃、草莓、猕猴桃、椰子、烛光、白兰地、蜂蜜
	德国	卡彭公司	卡彭	朗姆酒浸渍、糖果白兰地
	墨西哥	Royal Blunts公司	Royal Blunt Wraps	西瓜、混芒果、蓝莓、热情果、草莓、酸苹果、樱桃、香草、佐治亚蜜桃
	尼加拉瓜	Nestor Plasencia 公司	Chevere Ice Cream Flavor	苦艾酒、爱尔兰奶油、香草、朗姆酒

续表

产品类型	国家	生产商	品牌	调味剂
雪茄烟	美国	CAO 国际公司	CAO 甜品系列	Moontrance(异国水果和波旁香草)、大地甘露(托斯卡纳的味道，并注入勤地酒)、黄金宝贝、艾琳之梦(白松露巧克力和爱尔兰奶油)、贝拉香草(纯马达加斯加香草)
	True Blunts 公司	科希马尔雪茄公司	科希马尔	樱桃、香草、朗姆酒、白兰地、桃、苦杏酒、巧克力、肉桂、薄荷
		唐利诺雪茄公司	Tatiana Classic	香草、朗姆酒、肉桂、蜂蜜、巧克力
		斯维什国际公司	黑石	香草、樱桃
			奥普蒂马	蜜桃、冰薄荷
			斯维什甜品	草莓、桃、蜂蜜、龙舌兰酒
		True Blunts	True Blunt Wraps	樱桃、极限浆果、泡泡糖、苹果、葡萄、桃、棉花糖
丁香烟	印度尼西亚	嘉润公司	嘉润	樱桃、香草
	马来西亚	杉普纳香烟公司	Dji Sam Soe	香草

续表

产品类型	国家	生产商	品牌	调味剂
无烟烟草或鼻烟	全球	瑞典火柴公司	Catch	桉树、甘草、香草、薄荷叶
			Exalt	薄荷叶
			森林狼	鹿蹄草、薄荷、苹果、桃
	美国	康伍德赛欧公司	科迪亚克	鹿蹄草、冰
		斯维什国际公司	卡亚克	鹿蹄草、樱桃、苹果、薄荷
			Redwood	鹿蹄草、樱桃、苹果、薄荷
			Silverado	鹿蹄草、樱桃、苹果、薄荷
			银色小溪	鹿蹄草、樱桃、苹果、薄荷
		美国无烟烟草公司	哥本哈根	黑威士忌
			爱斯基摩人	鹿蹄草、薄荷
			红海豹	鹿蹄草、黑樱桃、薄荷
			狂欢 (PREP)[b]	薄荷、鹿蹄草、肉桂
			公鸡	明显的鹿蹄草、冰薄荷
			干杯	浆果、樱桃、薄荷、香草、苹果、绿薄荷、鹿蹄草、蜜桃

续表

产品类型	国家	生产商	品牌	调味剂
水烟	埃及	埃及椰树烟料公司	纳哈拉-异国口味烟草	苹果、杏、香蕉、卡布奇诺咖啡、樱桃、椰子、可乐、葡萄、柠檬、茉莉、芒果、薄荷、混合水果、橘子、开心果、玫瑰、甜瓜、香草、阿拉伯咖啡
	印度	Sopariwala 出口公司	所爱丝	苹果、混合水果、草莓、尚香
	以色列	Abed Elkader 公司	Abed Elkader（优质）	柠檬、薄荷、玫瑰、西瓜、混合水果、红苹果、樱桃、柑橘、蜜桃、葡萄、甘草
	约旦	Al-Ouns 公司	Al-Ouns(优质)	葡萄、混合水果、草莓、樱桃、苹果
		Al-Waha 烟草公司	Al-Waha	苹果、杏、香蕉、苹果、葡萄、薄荷、水果、甜瓜（哈密瓜）、卡布奇诺咖啡、椰子
		龙漫烟草公司	龙漫烟草	苹果、香蕉、樱桃、鸡尾酒、椰子、双苹果、葡萄、柠檬、甘草、芒果、薄荷、柑橘、桃、菠萝、覆盆子、玫瑰、草莓、甜瓜
		Saet Safa 公司	Saet Safa(优质)	玫瑰、草莓、葡萄、西瓜、混合水果、糖果、苹果、薄荷、甜瓜、橙子

续表

产品类型	国家	生产商	品牌	调味剂
水烟	沙特阿拉伯	Al-Amir 烟草公司	Al-Amir	香草覆盆子波萝椰子、香蕉、泡泡糖黑莓焦糖苹果、番石榴、猕猴桃、草莓、摩卡拿铁
	阿拉伯联合酋长国	Al-Fakher(现在的哈瓦那烟草)	Al-Fakher	杏、香蕉、樱桃、椰子、可乐、苹果、柠檬、芒果、混合水果、菠萝、李子、玫瑰
		Al-Qemah 烟草公司	Al-Qemah	苹果、葡萄、玫瑰
		哈瓦那烟草公司	哈瓦那	巴林苹果、香蕉、咖啡、樱桃、椰子、可乐、柠檬、芒果、薄荷、混合水果、橙玫瑰特制葡萄、李子
	美国	Hookah-Hookah 公司	Hookah-Hookah	青苹果、樱桃、葡萄、榛果、哈密瓜、玛格丽特酒、草莓、菠萝、香草、苹果、桃、浆果、混合水果、青柠、绿薄荷、黄油威士忌、芒果、西瓜、冰镇果汁朗姆酒、牙买加朗姆酒、猕猴桃、橙子、蜂蜜
		Tangiers 烟草公司	Tangiers	杏、蓝胶球、蓝莓、肉桂、司可球、橘子、葡萄、青苹果、番石榴、水莓、樱桃、克什尔苹果、克什米东蜜桃、柠檬花、甘草、金盏花、混合瓜果、薄荷果、混合水果、橘子汽水、西番莲果、梨、波萝覆盆子、红辛果、红茶、啤酒、草莓、香草、西瓜

注：PREP，潜在降低暴露量产品

资料来源：CAO 烟草(www.caocigars.com); 康涅狄格州政 (http://www.ct.gov/drs/lib/drs/cigarette/directory_manufacturers.pdf); 康沃公司(www.comwood.net); Copenhagen (http://www.freshcope.com/products.asp); DIP Time (http://dip-time.tripod.com/smokeless/id1.html); P.T. Djarum (http://www.djarum.co.id/en); 香料卷烟纸 (http://www.hookahcompany.com); Hookah 公司 (http://www.zensmoke.com/mainframe.html); Hookah-Hookah 公司 (http://www.hookahhookah.com); Hookah-4-Less (http://www.hookah4less.com/shisha); Hookah & Shisha Central (http://www.hookahshisha.com); "Kretek pages" (http://www.gimonca.com/kretek); Royal Blunts (http://www.royalblunts.com/products/ezroll.htm); Smoke Shop Magazine Online(http://www.smokeshopmag.com/0898/brand.htm); Smoking-Hookah (http://www.smoking-hookah.com/store); snus, The Northerner (http://www.northerner.com); Soex (http://www.soex.biz/bidis.asp); SouthSmoke (http://southsmoke.com/cat_flavored.cfm); Swisher (www.swisher.com/main/products.cfm); Swedish Match (http://www.swedishmatch.com); US Smokeless Tobacco Company (www.ussmokelesstobacco.com); True Blunts (http://www.trueblunts.com/index.html)

此外，调味卷烟占据了所有杂志广告费用的很大比例。"糖果口味"烟草品牌的广告费在 2000 年为 50 万美元（< 0.1%），2001 年到 410 万美元（2%），到 2005 年则升至 1420 万美元（15%）。在 2003 年及 2004 年，调味卷烟广告的年轻曝光指数分别为 104 和 107，而非调味卷烟的则分别为 81 和 103，这说明新品进入市场后，调味烟草制品的曝光率增大[16]。

3.4.2　调味剂的加入

对于卷烟产品，调味剂可能加入到烟草、卷烟纸、滤嘴或铝箔包装纸中，以增加烟草香味，掩盖难闻气味，并带来一种令人愉悦的卷烟包装的香味。由于调味剂使用原理的不同及其多样性，一些化合物（如可可）参与烟草的燃烧并发生热裂解，而其他化合物（如薄荷醇）则被完整地传送到烟气中[2]。

烟草行业开发了许多非传统的调香技术，以达到独特的香味传输目的。例如，内部文件揭示，聚合物小球技术使用加香的聚合物小球（聚合物珠）向烟气中可控释放香味物质[17,18]。菲利浦·莫里斯公司也开发了使用碳珠[19]和各种添加剂（如肉桂醛和甘香草醛）的香味物质释放技术来对主流[20]和侧流烟气[21]进行加香，并提供了一种甜甜的具有香草特征的香气。其他烟草行业的调香技术包括在纸中加入微胶囊，包装技术，向滤嘴中加入聚合物基香味纤维，以及顶端加香技术[18,22-27]。

最近发表的一项研究揭露了消费者和公共卫生专家察觉不到的香料传输技术的发展，如在雷诺公司"Camel Exotic"品牌的"Twist"中[11]，生产商将塑料小球加入到滤嘴中（图 3.2）。这些产品的内部测试数据有限，使得对评估这项新技术在这些新产品的传输和毒性方面影响的研究尤为必要。

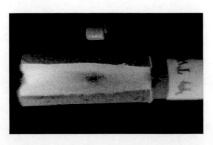

图 3.2 Camel Exotic 品牌 Twist 混合型卷烟中发现的塑料小球

资料来源：经出版者许可，引自参考文献 [11] 并重新制作

2006 年，发表在 *Tobacco International* 上的一篇烟草行业的文章描述了调味烟草制品市场的最新发展情况。该市场受追捧的产品包括：①能够满足人们对健康需求的接受度更高的卷烟产品；②用起来更"安全"的烟草制品；③新型香料传送技术；④侧流烟气黏结剂的香料应用技术。对于侧流烟气，一位烟草技术专家声明："这种香味利用技术是一种将香料 / 香气向侧流烟气释放量最大化和将主流烟气口味最小化的有效途径……此结果对不吸烟者而言具有更高的'社会接受度'，同时保留了传统卷烟主流烟气的口味。"[28]

该文章揭示了近年来全球雪茄生产商所生产种类繁多的调味雪茄的成功，并且这种成功给其他烟草企业提供了案例。该文声明："烟草调味市场发展迅猛……随着该市场 (鼻烟市场) 竞争越来越激烈，我们相信，随着该市场的发展，生产商将会引入更多的新口味来进攻和占据这个市场。"[28] 此外，该文章还声称："比迪烟、丁香烟和水烟在过去的几年里得到快速发展，因为新型香料大大增强了它们的接受度，并增加了产品的市场需求。我们期待在 2006 年这种变化能够继续。"[28]

3.5 调味烟草制品的区域和全球特征

比迪烟（含有印度进口烟草的自卷烟）和丁香烟（通常从印度尼西亚进口的含有丁香的卷烟）是替代烟草制品，这种产品比传统卷烟具有更高的烟碱、焦油和一氧化碳浓度[29]。研究表明，比迪烟能增加健康风险，如口腔癌、肺癌、胃癌和食道癌[29]。丁香烟与肺病和肺功能异常的风险增加有关[29]。

无烟烟草制品（如嚼烟、鼻烟）普遍存在，并成为许多发展中国家人口死亡的主要原因之一[30]。在过去，跨国烟草公司通过推出新型无烟烟草制品来吸引年轻人。这种营销策略往往伴随着销量增加，特别是对年轻人[30]。近年来调味无烟烟草制品可能也对年轻人有更大的吸引力。

图 3.3　Kauai Kolada 和 Twista Lime 调味卷烟的广告 (Camel Exotic 品牌)

资料来源：经出版者许可，引自参考文献 [15] 并重新制作

根据 2005 年 WHO 烟草制品管制研究小组针对水烟的咨文，该产品使用率最高的地区包括非洲地区、东南亚地区和东地中海地区。在美国、巴西和欧洲国家，水烟在其他人群如大学生和年轻人中的销量不断增加。水烟和卷烟的许多风险类似，并可能有其特有健康风险[31]。

尽管需要开展评估调味卷烟影响年轻人接受程度的更多实验，近期的调查揭示了对调味烟草制品"过去 30 天使用情况"的年龄差别。20% 的年轻烟民 (17~19 岁) 在过去 30 天内使用过调味烟草制品，而只有 6% 大于 25 岁的烟民曾经使用过。该类产品在年轻人中的使用率最高，而在老烟民 (40 岁及以上) 中的使用率最低[32]。在调味烟草制品吸引非吸烟者吸烟，以及对新老烟民消费方式的影响方面，需要加大研究力度[5,31]。

3.6 对公众健康的影响

应对调味烟草制品风生水起的吸引年轻人的营销和广告加以进一步研究。已有研究强有力地表明，通过营销和产品改变来吸引年轻人，能影响年轻人的吸烟习惯[6,32-35]。调味烟草制品可能在其中扮演着关键角色，这些产品通过降低或掩盖烟气中原有的刺激性和口味使年轻人吸烟，并使偶尔吸烟者变成每日吸烟者。这些新一代的调味型烟草制品具有增加个人及人群健康风险的可能，而政府监管如对此视而不见，则这种风险就可能被掩盖。

美国联邦政府酝酿的立法将会禁止烟草制品中添加糖果添加剂。禁止糖果添加剂的法案已在澳大利亚及美国多州提出[36]。例如，2005 年，美国马萨诸塞州就尝试修改现行的一般性法律，并声明：

"卷烟或其组成部分（包括烟草、滤嘴和纸）中的成分（包括烟气成分），添加剂（一种人工或天然香料，不包括烟草和薄荷），香草，香料（包括草莓、葡萄、橙子、丁香、肉桂、菠萝、香草、椰子、甘草、可可、巧克力、樱桃、咖啡等），作为烟草制品和烟气中的特征香味，禁止在本州销售。"[37] 美国及任何地区的法律均应包含卷烟及其他调味烟草制品。

研究表明，美国卷烟品牌中含有有害的香味相关的化合物（如烷基苯），而这些有害化合物可能引起新的吸烟相关的疾病。需要对这些化合物的吸入毒性和潜在健康加以研究[38,39]。人们还不清楚传统及新型调味烟草制品在传输性能上的不同，应加以进一步研究。

针对烟草企业的种种行为，新型加香技术受到进一步质疑，特别是考虑到当前缺乏相应的管制措施。考虑到抽吸新型调味卷烟所带来的未知传输特性和健康风险，人们对这种技术极度关注，如"Camel Exotic"所使用的加香球技术。公众和公共卫生机构对这些新型加香技术尚不了解。以上述加香球为例，消费者完全看不到该装置，除非把滤嘴剖开并将其拿出[40]。

3.7 科学基础和结论

人们对调味烟草制品的研究并不全面。然而，该产品的发展引起了公共卫生领域的强烈关注。前期研究结果表明，年轻烟民比年长烟民更容易尝试该产品。而且，其他调味烟草制品可能与年轻烟民对其消费和兴趣有关。人们对这些产品的传输性能和健康风险还了解很少。加香技术并没有向公共卫生领域披露，以某调味卷烟为例，消费者并不能看到该加香装置。烟草行业有限的研究清晰表明，有必要进行独立研究，以评估这种新技术对这些新产品传输性能和毒性的影响。

现有研究基础支持下述结论：

(1) 烟草行业持续声明，他们支持年轻人禁烟，并停止吸引年轻人吸烟。然而，证据表明，烟草生产商仍继续利用复杂的产品及营销，尤其是调味烟草制品，来吸引年轻人及不吸烟者。

(2) 通过市场营销和产品优化对年轻人产生吸引力，能影响年轻人的吸烟行为。

(3) 鉴于烟草行业的行为，新型调香技术引起了人们进一步关注，尤其是在当前管制政策缺乏的情况下。

3.8 研究需求

调味剂在个体及群体层面的影响研究还很少。鉴于全球烟草行业积极推进烟草制品的发展，需要对下列领域进行研究：

(1) 调味烟草制品在区域和全球的消费态势，特别是针对年轻人。

(2) 烟草行业对烟草制品中调味剂制造和营销的区域和全球态势。

(3) 调味剂热裂解对烟气化学性能的影响。

(4) 调味剂在烟草制品吸引力和致瘾性中所起的作用。

(5) 在年轻人首次尝试烟草，以及从偶尔吸烟者转变为每日吸烟者的过程中，调味剂所起的作用。

(6) 调味剂对感官及吸入的影响，包括烟气的刺激性、柔和度、香气和抽吸行为等。

(7) 消费者对调味烟草制品的认识，包括对健康风险和致瘾性的认识。

(8) 调味烟草制品在高危人群中的消费情况，包括少数民族、妇女、儿童及发展中国家人群。

(9) 调味剂对抽吸行为及吸入有害物质的影响，包括烟碱、一氧化碳及其他有害物质。

(10) 调味剂在"开创性"烟草制品中的使用情况，如低烟碱含量的无烟烟草制品、卷烟、水烟、丁香烟及比迪烟等。

3.9 管 制 建 议

WHO 烟草制品管制研究小组呼吁采取以下公共卫生建议来减少调味烟草制品的消费量。基本的公共卫生准则是，调味剂不能添加到已受污染的食品中，也不能添加到具有高致瘾风险的药物中以使之更具有吸引力。这些产品在年轻人中的流行性，以及严格遵守这些公共卫生准则的需要，要求我们必须采取行动。

(1) 正如荷兰政府近期立法所要求的那样，烟草制造商应通过品牌和含量来对烟草制品的调味剂进行信息披露。这些调味剂的披露应是WHO FCTC对烟草制品成分、添加剂测试及披露要求的一部分。

(2) 应禁止潜在的减害声明。

(3) 应禁止生产商在新的烟草品牌中添加调味剂。

(4) 对于现有品牌，应考虑对有利于致瘾或非吸烟者吸烟、增加二手烟暴露量或不利于戒烟的调味剂设置限量。

(5) 管制调味剂的策略应是管制烟草制品设计、功能及减害大策略的一部分。

参 考 文 献

[1] Leffingwell JC, Young HJ, Bernasek E. Tobacco flavoring for smoking products. Winston-Salem, NC: RJ Reynolds Tobacco Company, 1972. Retrieved online from the Legacy Tobacco Documents Library (http://legacy.library.ucsf.edu/tid/avr03c00, accessed 28 February 2007).

[2] Browne CL. The design of cigarettes, 3rd ed. Charlotte, NC, C Filter Products Division, Hoechst Celanese Corporation, 1990. Retrieved online from the Legacy Tobacco Documents Library (http://legacy.library.ucsf.edu/cgi/getdoc?tid=zsq31d00&fmt=pdf&ref=results, accessed 28 February 2007).

[3] Simpson D. USA/Brazil: the flavour of things to come. *Tobacco Control*, 2004, 13:105–106.

[4] Connolly GN. Sweet and spicy flavours: new brands for minorities and youth. *Tobacco Control*, 2004, 13:211–212.

[5] Lewis J, Wackowski O. Dealing with an innovative industry: a look at flavored cigarettes promoted by mainstream brands. *American Journal of Public Health*, 2006, 96:244–251.

[6] Wayne GF, Connolly GN. How cigarette design can affect youth initiation into smoking: Camel cigarettes 1983-93. *Tobacco Control*, 2002, 11(Suppl.1): i32–i39.

[7] Wayne GF, Connolly GN. Application, function, and effects of menthol in cigarettes: A survey of tobacco industry documents. *Nicotine*

and Tobacco Research, 2004, 6(Suppl.1):S43–S54.

[8] Cummings KM et al. Marketing to America's youth: evidence from corporate documents. *Tobacco Control*, 2002, 11(Suppl. I):i5–i17.

[9] Connolly GN et al. How cigarette additives are used to mask environmental tobacco smoke. *Tobacco Control*, 2000, 9:283–291.

[10] Sutton CD, Robinson RG. The marketing of menthol cigarettes in the United States: populations, messages, and channels. *Nicotine and Tobacco Research*, 2004, 6 (Suppl. 1):S83–S91.

[11] Carpenter CM et al. New cigarette brands with flavors that appeal to youth: tobacco marketing strategies. *Health Affairs*, 2005, 24:1601–1610.

[12] Philip Morris. "New flavors qualitative research insights", October 1992. Bates No. 2023163698-2023163710.

[13] Massachusetts Department of Public Health. Tobacco Control Program, 2004 [unpublished data].

[14] US Smokeless Tobacco Company (http://www.ussmokeless.com, accessed 28 February 2007).

[15] Trinkets and Trash: artifacts of the tobacco epidemic. (http://www.trinketsandtrash.org, accessed 27 February 2007).

[16] Harvard School of Public Health. Tobacco Control Research and Training Program [unpublished data], April 2006.

[17] Arzonico BW et al. TF-4 accelerated aging study-TF products using various flavor and packaging systems to retard spearmint flavor migration, 11 October 1989. RJ Reynolds. Bates No. 508295999-508296015.

[18] Saintsing B. 1992 (920000) Key objectives (Barry Saintsing), 25 No-

vember 1992. RJ Reynolds. Bates No. 510784522-510784527. (http://tobaccodocuments.org/preps/510784522-4527.html; accessed 28 February 2007).

[19] Moore HE. Calgon Carbon Corporation (untitled), 30 March 1994. Bates No. 2024583505-2024583506.

[20] Houminer Y. "Potential flavoring of sidestream by using flavor-release technology", 22 February 1989. Philip Morris. Bates No. 2022206963-2022206964.

[21] Southwick R. "Flavor release sidestream odorants", 24 April 1989. Philip Morris. Bates No. 2025563350.

[22] Robinson AL et al. "Advanced technology products. Atp92 303. Review of qualitative and quantitative research: Chelsea and Horizon. 0113-Project Xb",29 October 1992. RJ Reynolds. Bates No. 513502565-513502596.

[23] Lawson J.L. "N.B.E.P. Status Summary Sheets (Revised 6/9/87)", (870609), 9 June 1987. RJ Reynolds. Bates No. 505623542-505623559.

[24] RJ Reynolds. "N.B.E.P. Status Summary Sheets (Revised 2/27/87)", (870227), 27 February 1987. Bates No. 507375486-507375514.

[25] Douglas S.H. "New technology exploration process. Project FAT qualitative research. (Atlanta, GA)", 8 May 1989. RJ Reynolds. Bates No. 507126759-507126764.

[26] RJ Reynolds. Brand R&D mid year report 1986 (860000). Technology development. Bates No. 505167211-505167232.

[27] Smith, ML. "Aftertaste projects", 10 June 1992. RJ Reynolds. Bates No. 511022566-511022568.

[28] Staff Report: Flavor update: the year of specialization. *Tobacco International,* January/February 2006, 34–39.

[29] Centers for Disease Control and Prevention. National Center for Chronic Disease Prevention and Health Promotion. Tobacco Information and Prevention Source. Bidis and Kreteks: Fact Sheet (http://www.cdc.gov/tobacco/factsheets/bidisandkreteks.htm, accessed 28 February 2007).

[30] *Smokeless tobacco or health: an international perspective.* Bethesda, MD, United States Department of Health and Human Services, National Institutes of Health, National Cancer Institute, 1992 (Smoking and Tobacco Control Monograph No. 2) (http://cancercontrol.cancer.gov/tcrb/monographs/2/index.html, accessed 28 February 2007).

[31] WHO Study Group on Tobacco Product Regulation (TobReg). Advisory note: waterpipe tobacco smoking: health effects, research needs and recommended actions by regulators. Geneva, World Health Organization, 2005 (http://www.who.int/entity/tobacco/global_interaction/tobreg/waterpipe/en/index.html, accessed 28 February 2007).

[32] Giovino GA et al. Use of flavored cigarettes among older adolescent and adult smokers: United States, 2004. Presentation at the National Conference on Tobacco or Health, Chicago, Illinois, 6 May 2005.

[33] DiFranza JR et al. RJR Nabisco's cartoon camel promotes camel cigarettes to children. *Journal of the American Medical Association,* 1991, 266:3149–3153.

[34] Lovato C et al. Impact of tobacco advertising and promotion on increasing adolescent smoking behaviours. *Cochrane Database*

of Systematic Reviews, 2003, Issue 3, Art. No. CD003439, DOI: 10.1002/14651858.CD003439.

[35] Wakefield M et al. Role of the media in influencing trajectories of youth smoking. *Addiction*, 2003, 98(Suppl.1):79–103.

[36] American Lung Association Tobacco Policy Trend Alert: from Joe Camel to Kauai Kolada-the marketing of candy-flavored cigarettes, July 2005, updated May 2006 (http://www.lungusa.org/atf/cf/{7A8D42C2-FCCA-4604-8ADE-7F5D5E762256}/candyreport.pdf), accessed 2 March 2007.

[37] Commonwealth of Massachusetts. An Act Relative to Flavored Cigarettes in the Commonwealth. House No. 3815 (2005) (http://www.mass.gov/legis/bills/house/ht03/ht03817.htm, accessed 2 March 2007).

[38] Stanfill SB, Ashley DL. Quantification of flavor-related alkenylbenzenes in tobacco smoke particulate by selected ion monitoring gas chromatography-mass spectrometry. *Journal of Agricultural and Food Chemistry*, 2000, 48:1298-1306.

[39] Stanfill SB, Ashley DL. Solid phase microextraction of alkenylbenzenes and other flavor-related compounds from tobacco for analysis by selected ion monitoring gas chromatography-mass spectrometry. *Journal of Chromatography A*, 1999, 858:79–89.

[40] Conroy C. "I am writing this letter to you to voice my displeasure recently while smoking one of your Camel filter (hard pack) cigarettes". 3 May 1999. Bates No. 522858245-522858246.

4. 烟草暴露及烟气所致健康影响的生物标志物

4.1 引　　言

WHO TobReg 对生物标志物应用的证据进行了综述，特别是基于烟草管制的目的。本报告对生物标志物的应用和局限性，以及研究组对生物标志物在烟草管制中应用的建议进行了表述。本报告主要集中在生物标志物的现有科学证据，以为管制机构对生物标志物的应用提供可用的科学依据。生物标志物在烟草制品及其风险研究领域的广泛应用超出了本报告的范围，在其他地方进行讨论[1,2]。尽管如此，本报告也努力给出了那些可作额外研究的领域，通过这些研究，可显著增强生物标志物在控烟领域的应用。这些研究领域中最值得关注的部分是，可通过特定生物标志物含量的变化来预测疾病。

4.2 背　　景

传统上对烟草消费行为及卷烟暴露量的评估都是通过个体是否使用烟草及其消费频率和数量的问卷调查得出的。这些测试是通过流行病学调查得出的，并用来有效预测疾病风险的增加。

在做烟草消费行为研究时，当研究对象有较多以前消费者和较少当前消费者及非消费人群时，生物化学方法与问卷调查所得出的结果不同。此外，每日抽烟数量和人体体液中烟气成分和代谢物水平有明显相关性，每天所抽吸的一定数量的卷烟的烟气成分含量差别也很大[3-6]。抽吸行为与每日抽吸卷烟数量相近的吸烟者体内成分／代谢物含量的个体差异的矛盾，使人们对将抽吸行为问卷调查和每日抽吸烟支数量作为衡量个体烟气暴露量的方法产生了质疑。尽管少有报道，对于其他烟草类型的问卷调查方式和烟草消费量也存在相似的疑虑。

测定烟草、烟气，或它们在体内的代谢物，尤其是烟草特有成分（如烟碱、烟草特有亚硝胺），一直被用来提高烟草消费行为问卷调查及流行病学研究的准确性，并被用来测定在实验室及其他条件下的烟气暴露量。当测定个体吸烟行为时，其准确度测定是关键因素，烟草消费行为的生物化学方法测定往往作为标准方法，如戒烟疗法和确定非吸烟者申请低龄保险费率适用性的研究等。然而，到目前为止，只有少数针对疾病的流行病学研究表明，和问卷调查相比，使用生物化学方法来定量测定烟气暴露量提高了疾病风险预测的准确性[7,8]。

当前评估一般人群吸烟行为和烟气暴露量的标准方法仍是问卷调查法，其中一部分原因是搜集大规模人群生物样品的费用高、难度大，一部分原因是对于如何使用这些数据来推测人群暴露量的问题还未得到很好解决。

在流行病学调查中，如对评估烟草消费行为或测定暴露量要求更高的准确度，可以考虑使用生物标志物的方法，因为对烟草消费行为进行更准确定义是可能的，且更准确测定烟草暴露量也是可行性的。

对于科学家和监管部门来说，另一个关心的问题是，利用传统流行病学调查方案来评估烟气暴露对多种类型疾病风险的影响时，需要等待相关疾病的出现，而这个过程需要的时间比较长。使用流行病学调查来评估烟草制品设计的改变所产生的健康风险时，需要花费数十年的暴露时间，从而使该方法在评估新型烟草制品风险及设计时，其价值非常有限。测定与烟草相关损伤和疾病有关的细胞或组织变化，能准确预测疾病变化，并且能够快速察觉烟草制品设计或消费情况变化所带来的健康风险变化 [9]。有大量这种细胞或组织变化被推荐用作烟草相关损伤的生物标志物，但是，到目前为止，这些方法都没有得到验证，因为这些生物标志物不能可靠预测疾病的变化 [2]。

4.3　生物标志物：定义和描述

美国国家癌症研究所最近发表的一篇关于生物标志物的综述中，对其定义和分类作了如下描述 [2]：

"生物标志物按测定对象可分类如下：①化学暴露，即来自烟草的成分或代谢物的直接或间接测定，从而在理论上定量评估烟草暴露；②毒性，如生物有效剂量，即'烟草成分或代谢物与目标物或替代组织中的大分子发生反应或使之改变' [9]；③损伤或潜在危害，即'暴露产生效应的测定；包括早期生物效应，形态、结构、功能或与损害相关的临床症状的改变' [9]；④健康效应的直接评估。疾病易感型基因生物标志物也是存在的，且不管吸烟者患病与否，都可能在这个过程中发挥关键作用 [2]。"

在这个框架中，生物标志物可有两种用途：对烟草消费的暴露量进行评估和定量测定，以及对伤害和疾病进行评估和定量测定。

4.4　暴露量的测定

暴露型生物标志物为体内烟草有害物和 / 或其代谢物的存在提供了证据。生物标志物最直接的方法是测定呼出气体、血液、唾液、尿液及头发中的有害物质或代谢物含量。暴露型生物标志物的理想特征有：烟草或烟气是唯一的标志物来源，而其他来源则很少或没有；标志物容易检测；分析方法在实验室间重复性好；该标志物能够反映烟草特有有害物质暴露量或作为烟气有害物质暴露量的可靠替代物。其他将生物标志物作为评估暴露量的重要因素有：该标志物反映烟草长期暴露量的优劣（标志物的半衰期，即 $t_{1/2}$，表示生物标志物反映暴露量的时间，其大小为数小时到数周不等），通过将一种特别的生物标志物加入到现有指示剂后能够获得的额外信息量，以及在流行病学调查的大规模人群实验中该标志物的实用价值。

暴露型生物标志物的最简单应用是确定烟草消费行为。在这个过程中，通常设置一个生物标志物值，超过这个值，则可推测该人正在使用烟草。因为当前的烟草使用者中有非常轻度的吸烟者，而且一些不吸烟者可能暴露在高浓度二手烟中，当前轻度吸烟者和受到严重二手烟暴露的非吸烟者的体液中标志物含量水平会有一部分重叠，纵然这些标志物是烟草或烟气特有的（如烟碱和烟草特有亚硝胺）。对源于其他暴露（如一氧化碳）的生物标志物，这种重叠更大，而且一些研究使用多种生物标志物来确定烟草消费行为。然而，普遍肯定的是，烟草消费行为的生物化学判定法对于判定谁是当前吸烟者的准确度要高得多。

暴露型生物标志物的第二个用途是测定个体暴露量。这种测定可能主要针对一些成分及其作用，比如，在研究致癌性时对烟碱含量的测定。个体成分生物标志物水平也可反映出全烟气或无烟烟草制品总暴露水平。单一成分的生物标志物水平和总烟气或烟草暴露量的关系受到多种因素影响，如个体特征、基因和代谢差异、消费行为及该成分在环境中有其他影响个体的来源等。当应用特定生物标志物来比较产品之间的全暴露量时，应该考虑不同产品成分含量水平及释放物的不同。例如，通过使消费者使用一种无烟烟草制品后测定其可替宁含量，可较好推测无烟烟草制品的有害物质释放量，但是，对比印度和瑞典的无烟烟草制品使用者，则发现，可替宁含量相同时，其有害物质释放量不同，因为印度销售的产品中许多有害成分含量要高得多。

暴露型生物标志物的最终形式是测定单个或一组成分的生物有效剂量。人们尝试使用这些生物标志物来对到达组织并导致损伤和细胞及组织破坏的暴露进行定量。肺组织中致癌物 -DNA 加合物的测定就是检测这种生物有效剂量的例子。生物有效剂量的概念基于对机理的理解：相关成分通过该机理导致疾病，而且能对该机理中的中间体含量进行准确定量。但该机理在准确度方面还存在一定的不足，即除了该机理外，该生物标志物在推测其他组织或生病过程方面可靠性较低。例如，肺部致癌物 -DNA 加合物可能明确肺部致癌物的生物有效剂量，但在推测心脏疾病的生物有效剂量方面相关性较差。

4.5　损伤和疾病的测定

　　烟草能够导致各类疾病，并有大量证据对其机理进行了阐述；此外，大量针对生物化学、细胞及组织系统的研究对各种致病机理进行了定性和定量测试。同样，有大量研究能够对人群发病率做出定性和定量预测，并被看作疾病的独立风险因素。这对于已确定了相当多的风险因素的心血管疾病来说尤为正确。测定疾病发生机理的早期变化，可为不同烟草制品所致风险的更快速诊断提供希望，而这种希望激发了人们对研究重要生物标志物的兴趣，以期通过其含量变化来精确预测疾病风险的变化。

　　不幸的是，我们对吸烟致病机理的理解还不够充分，故不能确定机理路线的速率控制步骤和可靠预测疾病风险的变化。我们也不确定哪种变化是烟草消费的标志物，因此，尽管这些变化的出现和不断增强的疾病风险相关，但不是疾病发生过程的一部分，所以即使发生变化，也不会导致疾病。这些局限性意味着，将一个现有的生物变化作为疾病和风险的生物标志物，还须进一步验证，即观察该生物标志物的变化能否预测疾病发生频率的变化。

　　能够测定多种生理过程（如炎症）的存在及其程度的生物标志物是存在的，如炎症，它在疾病发生过程中可能发挥机械作用。然而，吸烟所致疾病包含多种过程，并且单一过程的改变（如炎症减轻）是否能够降低发病概率，仍是未知数。

4.6　生物标志物的现有证据

　　美国国家癌症研究所组织的一项会议中，四个工作组就利用生物标志物研究烟草暴露和疾病风险的科学证据进行了讨论，并在近期发表了一篇综述 [2]。在主要关注生物标志物在调查研究中的价值的同时，这些工作组还对癌症、心血管疾病、肺病及致死毒性相关生物标志物的现有证据进行了研究。评估生物标志物可用的原则有：①吸烟人群与非吸烟人群生物标志物含量的不同；②戒烟后，生物标志物含量水平的改变；③暴露量与生物标志物含量之间的剂量-效应关系；④烟草消费减少时，生物标志物含量的改变。表 4.1 列出了经工作组评估的生物标志物，有足够证据表明，这些标志物可以作为研究烟草消费及有害性的手段，而且，工作组还建议，这些标志物可能在研究中用于评估潜在降低暴露量产品 (PREP) 的成分暴露量。工作组总结，这些生物标志物"并不能用以评估 PREP 的疾病风险"。此外，他们还强调："到目前为止，还没有一种生物标志物可以用来准确预测烟草相关疾病，进而用来测试 PREP。" [2]

表 4.1　生物标志物在评估烟草消费量方面的应用

生物标志物	测定内容
尿液中 NNAL 和 NNAL- 葡萄糖苷酸	致癌物 (NNK) 的吸收 b
3- 氨基联苯 -，4- 氨基联苯 - 和其他芳香胺 - 血红蛋白加合物	致癌物 (芳香胺) 的吸收和代谢活性 c
尿液的致突变性	致突变剂的吸收 b
外周血淋巴细胞姐妹染色单体交换	DNA 损伤 c

续表

生物标志物	测定内容
巨噬细胞	炎症[d]
一氧化碳[a]	化学吸收[b]
烟碱或可替宁[a]	化学吸收和代谢[b]
血流介导的扩张	血管内皮功能[d]
循环内皮前体细胞	血管内皮功能[d]
纤维蛋白原	高凝血反应[d]
同型半胱氨酸	高凝血反应[d]
白细胞数	炎症[d]
C 反应蛋白	炎症[d]
slCAM1	炎症[d]
葡萄糖钳制研究	胰岛素阻抗[d]

a 应该是所有烟草成分的吸收研究的常规测量

b 暴露型生物标志物

c 用于测定毒性（包括生物有效剂量）的生物标志物

d 用于测定损伤或潜在危害性的生物标志物

资料来源：经出版社许可，引自参考文献 [2]

4.7 特有生物标志物

当前，没有一种生物标志物是理想的，即可以满足评估烟草和 / 或烟气暴露量的所有需求。所有报道的生物标志物都有其自身的局限性。因此，基于研究目标及生物标志物的性质，需要选择一种特有生物标志物。

4.7.1 烟草生物碱

烟碱及其代谢物

烟碱是存在于所有烟草制品和潜在减害产品中的化合物。它也存在于许多用于治疗烟碱成瘾的药物中。烟碱是导致烟草成瘾的主要化合物。烟碱也可能会导致烟草引起的心血管疾病和生殖毒性，尽管与其他烟气有害物相比，其作用还比较小。

烟碱能通过烟气、无烟烟草制品和医用烟碱产品被人体快速吸收，并快速到达人体各组织。烟碱能在血液、尿液和唾液中检测到，但是因为其半衰期只有大约两小时，所以，抽吸最后一支烟或最后一次烟碱暴露的时间不同，其含量差别很大。尿液烟碱含量还受到尿液 pH 和流速的显著影响。当对烟碱暴露量的定量要求比较高时，一种方法是测定 24 小时尿液中的烟碱及其他所有主要烟碱代谢物的含量[10]。烟碱的代谢途径很多[11]，主要代谢物包括可替宁、N- 氧化可替宁、葡萄糖苷酸可替宁、3′- 羟基可替宁、3′- 羟基葡萄糖苷酸可替宁、N- 氧化烟碱和葡萄糖苷酸烟碱。这些代谢物占总烟碱代谢物的 90% 及以上。然而，该方法存在严重缺陷，即在收集全部 24 小时尿液样本、检测技术要求和检测费用方面存在困难。

可替宁作为烟碱摄入生物标志物

生物体液中可替宁的存在可用来预测烟碱暴露。可替宁是主要的烟碱相似代谢产物。可替宁进而被大量代谢成 3′- 羟基可替宁，后者是烟碱在尿液中的主要代谢产物。可替宁的平均半衰期为 16 小时，因此，在一天的日常烟草消费中，与血液中的烟碱水平相比，可替宁含量水平的波动要小很多。在羊水、宫颈灌洗液、精液、乳汁、汗液、唾液、胎便、头发、手指和脚趾中，都检测到可替宁。

在主动及被动吸入的卷烟烟气中，可替宁是最常用的烟碱暴露生物标志物[12]。血浆、唾液及尿液中的可替宁有很强的相关性。与每天吸烟数的问卷调查相比，血液中可替宁浓度很可能是一种测定烟碱摄入量和其他烟气有害物质的可能摄入的更准确方法[12]。然而，人体的稳态可替宁水平与烟碱摄入量之间的关系存在个体差异。原因是不同个体使烟碱代谢为可替宁的比例不同（通常在 50%~90% 之间），而且不同个体代谢可替宁的速率也不同（通常血液清除率在 20~75 mL/min)[13]。基于稳态暴露条件，烟碱摄入量与稳态可替宁血液含量的关系如下：$D_{nic} \times f = CL_{COT} \times C_{COT}$。式中，$D_{nic}$ 为烟碱日摄入量；f 为烟碱代谢为可替宁的分数；CL_{COT} 为烟碱清除率；C_{COT} 为血液中的稳态可替宁浓度。对这个公式进行重排，得到 $D_{nic} = (CL_{COT} \div f) \times C_{COT} = K \times C_{COT}$。式中，$K$ 是一个常数，表示将血液中的可替宁浓度转化为烟碱日摄入量。K 的平均值为 0.08 mg/24 h/ng/mL（在 0.05~1.1 之间，CV = 21.9%)[14]。因此，如果血液中的可替宁浓度为 300 ng/mL，则平均烟碱日摄入量为 24 mg。烟碱和 / 或可替宁的代谢还与其他因素有关，如种族、性别、年龄、肝酶 CYP2A6 的基因差异和 / 或怀孕与否以及肝肾疾病等[15]。

将可替宁用来测定烟草暴露或风险

可替宁用来测定即时烟碱摄入量，但其半衰期只有 16 小时，不适用于测定烟碱及其他有害物的长期暴露，烟草消费的慢性积累和持续使用是其危害性的决定性因素。可替宁含量水平可用来预测慢性暴露水平，就如每日抽烟数量一样，特别是对那些吸烟为了摄取一定量烟碱的重度烟民。在预测烟气慢性暴露量时，有理由相信可替宁水平测定很可能要比问卷调查每日吸烟数更准确（或者至少是一样准确）。

血清可替宁浓度可在未来的流行病学研究中用来预测肺癌风险[8]，而剂量 - 效应关系在高浓度下同问卷调查的每日吸烟数（CPD）不一致[16]，这说明，可替宁在烟气暴露量方面可能是一种比吸烟数量更好的生物标志物。流行病学数据对可替宁水平在疾病预测中所起的作用进行了量化，且不受与每日吸烟数关系的影响，这或许能在预测风险时对弄清可替宁含量有帮助。在未来的流行病学调查中，非吸烟者的可替宁水平可用来评估二手烟暴露量和预测心脏病风险[7]。

可替宁含量水平不能用来预测吸烟史，而且，当烟气暴露强度与测定可替宁含量时的烟气摄入量不同时，也不能用于预测过往的烟气暴露强度。

头发中的烟碱与可替宁

头发中的烟碱与可替宁含量被推荐作为评估烟草制品中烟碱长期暴露量的一种方法[17-19]。随着时间的流逝，烟碱和可替宁逐渐进入到头发中。头发的平均增长速度是每月 1 cm。因此，头发中可替宁含量的测定可能提供一种评估个体在数月内对烟碱暴露量的方法。

使用头发的可能问题是染发会严重影响头发中烟碱和可替宁的结合和摄取[20,21]。烟碱和可替宁可与黑色素相结合。因此，黑发比金发或白发含有更多烟碱。故而很难使用此方法来对不同种族和年龄段的个体进行比较。而且，头发可通过汗水和皮脂腺分泌物带来烟碱和可替宁，还能通过环境烟气带来烟碱。在分析前洗发可能会减少环境污染的影响，但不能除去所有环境中的烟碱。

饮食带来的烟碱

据报道，在测定环境烟气暴露时，饮食带来的烟碱可能是测定可替宁浓度时的潜在污染源。一些食品中含有少量烟碱[22]。然而，这些食物中的烟碱含量很低。基于各种含有烟碱的日常食品中的烟碱含量，一个人吃一顿高烟碱含量的食品，其可替宁含量比中度二手烟暴露还要低[13]。

4.7.2 微量生物碱

烟草中的主要生物碱是烟碱，但烟草还含有少量的微量生物碱，如假木贼碱、新烟草碱等。微量生物碱能在全身进行吸收，并在吸烟者及无烟烟草制品消费者的尿液中检出[23]。当人们通过一种非烟草的烟碱传输系统，即烟碱药物，来摄入纯烟碱时，微量生物碱的测定可用来检测烟草消费状况和烟草消费行为。该方法已被用来评估临床试验中通过烟碱药物的戒烟行为[24]。

4.7.3 其他粒相物成分

烟草特有亚硝胺

烤烟和卷烟烟气含有多种致癌物，这些致癌物的暴露测定是评估潜在危害的重要方面。烟草最特有的致癌物是烟草或烟碱生成的致癌物，如 4-(N-甲基亚硝胺基)-1-(3-吡啶基)-1-丁酮(NNK)及其醇化代谢物 4-(N-甲基亚硝胺基)-1-(3-吡啶基)-1-丁醇(NNAL)。NNAL 及其代谢物 NNAL-葡萄糖苷酸在吸烟者、无烟烟草制品消费者以及二手烟被动暴露者尿液中都有检出[25]。这种分析方法比较昂贵，但灵敏度和特异性好。

NNAL 从人体中的排泄速率较慢。NNAL 和 NNAL- 葡萄糖苷酸的扩散半衰期为 3~4 天，而其排泄半衰期达到 40~45 天 [26]。如此长的半衰期的原因是其广泛的组织分布以及在组织中慢的扩散速率。如此长的半衰期意味着，在停止使用烟草数周后，仍可检测到 NNAL。相反地，当人体对特有亚硝胺的暴露量改变时，如减少吸烟量，NNAL 含量及其代谢需要经过数周才能达到一个稳定水平。如可替宁那样，烟草特有亚硝胺的代谢速率和转换效率在人群中存在显著不同 [6]。NNAL 和 NNAL- 葡萄糖苷酸之和，称为总 NNAL 含量，是人体从烟草制品中摄入 NNK(一种针对肺部的致癌物) 总量的最特有及最有名的生物标志物。当非吸烟者的二手烟暴露量足够大时，NNAL 总量也会显著升高。而且，总 NNAL 含量还能够区分烟草制品消费者和暴露于二手烟的非吸烟者，尽管非常轻度及偶尔烟草消费者 [如尝试吸烟的青少年，很少吸烟的成年人，或者烟气或产品 (如鼻烟) 中特有亚硝胺含量较低的消费人群] 和那些重度二手烟暴露者之间会有一些重叠。

稠环芳烃

另外一种烟气中可用作暴露型生物标志物的致癌物是稠环芳烃 (PAH)[25]。PAH 由有机物的不完全燃烧产生，作为环境干扰因素，也存在于食物中 (如木炭烤肉)，还由其他环境燃烧产生，如内燃机、汽油燃烧和用于做饭和加热的生物质燃料燃烧等。研究最广泛的 PAH 致癌物是苯并 [a] 芘。苯并 [a] 芘在烟气中的含量较低，而且难以测定人体对该化合物的暴露量；然而，其他几种 PAH 的代谢物可在尿液中被检测到。这包括 1- 羟基芘及多种菲、萘和芴的羟基化代谢物。研究最深入的 PAH 代谢物是 1- 羟基芘，它在吸烟者尿液中的含量比非吸烟者高出许多，而且当烟气暴露改变时，其含量也会发生改变[25]。

作为一类重要的致癌物，如果有可能的话，PAH 可以作为评估烟气暴露量的生物标志物的补充。PAH 与烟气中其他致癌物含量变化的比例不同，这要求对不同类型的致癌物进行分别测定。例如，在研究"Omni"卷烟烟气时，尽管尿液中的亚硝胺含量显著降低，但 1- 羟基芘含量却没有降低[27]。由于环境中有许多 PAH 来源，所以实验中必须远离其他 PAH 暴露，如其他偶然因素 (如焦炉、沥青、炼铝炉等)，食物 (特别是烤肉)，交通工具排放和家庭生物质 (木头、煤炭) 燃烧。PAH 也可能存在于无烟烟草制品中，特别是那些由烘烤烟叶制成的产品。

4.7.4 气相成分

一氧化碳

一氧化碳 (CO) 被用来评估卷烟烟气燃烧气体的暴露量已经很多年了。通过检测呼出气体或血液中碳氧血红蛋白 (COHb) 含量，比较容易对其进行测定。CO 的局限性在于，一是需要在短时间内测定 (半衰期约 4 小时)，二是除了卷烟烟气外，还有其他很多种 CO 来源。因为 CO 主要在肺泡中吸收，所以它比烟碱受吸入深度的影响更大。烟气或中度环境污染所造成的 COHb 浓度为 1%~2%。重度环境污染造成的 COHb 浓度可高达 5% 或更高。如果个人每天吸烟量少，或者环境 CO 干扰较严重，那么使用 CO 来评估烟气暴露量是有问题的。CO 已被用来评估二手烟暴露量，但是二手烟 CO 含量较低，且环境中的 CO 干扰较严重，所以这种方法的实施是比较困难的。因为 CO 是一种潜在的心血管有害物质，而且易于测定，所以许多研究仍将 CO 作为暴露型生物标志物；而且 CO 在水烟评估中可能有特殊重要性，因为木炭的燃烧会带来大量的 CO。当评估非加热和非燃烧型烟草制品时，CO 没有利用价值。

硫氰酸盐

卷烟烟气中含有氰化氢，它在体内被代谢成硫氰酸盐。血清、唾液和尿液中都含有硫氰酸盐，而且简单的比色实验就可以进行测定。硫氰酸盐通过肾部向体外缓慢排出，其半衰期相对较长，可达 7~14 天。所以硫氰酸盐可作为测定卷烟烟气长期暴露量的潜在标志物。硫氰酸盐的主要局限性是饮食中含有大量该化合物的前体。即使没有卷烟烟气暴露，硫氰酸盐在血液中的浓度仍然很高。和 CO 一样，硫氰酸盐在吸烟量较少或作为非吸烟者烟气暴露生物标志物时，灵敏度不够。

苯

苯是卷烟烟气的气相成分，是一种已被确认的人体致癌物。苯的代谢物有 (反式，反式)- 己二烯二酸和 S- 苯巯基尿酸，尿液中含有这些代谢物，吸烟者要比非吸烟者含量高 [25]。然而，由于职业及环境暴露的影响，苯及其代谢物更适用于实验室研究。

4.7.5　DNA 及蛋白质加合物

DNA 加合物

许多致癌物能代谢成具有活性的中间体，并与 DNA 和 / 或蛋白质通过共价键相结合[25,28]，进而形成 DNA 或蛋白质加合物。这种键合可能会干扰 DNA 复制，从而增加点突变、染色体不稳定及其他致癌物所引起变化的概率。烟草致癌物 DNA 加合物含量的研究是测定组织内烟草致癌物的"生物有效剂量"。一些 DNA 加合物非常稳定，因此成为测定烟气暴露量的长期指示剂。

然而，测定 DNA 加合物的主要问题是其在人体内的含量非常低，约占正常 DNA 或蛋白质的 $10^{-8}\sim10^{-6}$。可用于检测的 DNA 加合物含量也很低。因此，必须拥有高度灵敏的检测方法。我们对人体组织内特定 DNA 加合物的半衰期了解很少，但是，动物研究清晰表明，这些加合物的半衰期相互差别很大，并与其结构相关，因为一些加合物能被细胞修复系统除去，而其他则不会。

两种测定 DNA 加合物的常用方法是 ^{32}P- 后标记法和免疫分析法[29]，但前者对特定的致癌物不具有专一性。^{32}P- 后标记法可用来测定"疏水性 DNA 加合物"，如吸烟者体内的一些 PAH-DNA 加合物。然而，这种方法在测定人体内的加合物时，还没有得到验证。免疫分析法主要使用抗体与苯并 [a] 芘 -7,8- 二醇 -9,10- 环氧化物 (BPDE)-DNA 加合物反应。这些抗体与多种 PAH-DNA 加合物和其他可能物质发生交叉反应。

许多研究 (不是所有) 利用这些方法对吸烟和非吸烟者的组织内 DNA 加合物水平进行了研究，并发现，前者比后者含量高[30-32]。近期的元分析结果表明，癌症 (肺癌、口腔癌及膀胱癌) 患者组织内的加合物含量水平明显比对照组高[33]。一项前瞻性研究发现，吸烟者白细胞中 DNA 加合物含量的升高预示着肺癌风险的提高[34]。

使用高效液相色谱 (HPLC) 串联荧光光谱或质谱定量测定 BPDE-DNA 加合物的更专一性方法已经报道[35]。利用这种方法得到了可靠结果，但是其局限性在于很大比例的受试者 (55% 的吸烟者) 中没有检测到加合物。尽管一些研究表明，7- 甲基鸟嘌呤 [一种 DNA 加合物，来自于 N- 甲基硝基化合物，如 NNK 和 N- 亚硝基二甲胺 (NDMA)] 在吸烟者体内含量较高，但也有与其不一致的测定结果 [36]。释放 4- 羟基 -1-(3- 吡啶基)-1- 丁酮 (HPB) 的 DNA 加合物 (HPB-DNA) 由 NNK 和 N'- 亚硝基降烟碱 (NNN) 与 DNA 反应生成，其在肺癌患者肺部的含量比对照组高 [37,38]。

蛋白质加合物

致癌物 - 血红蛋白加合物可用来预测组织中的 DNA 加合物含量水平，因为大多数能和 DNA 反应的致癌物代谢物都能和蛋白质反应 [39,40]。血红蛋白加合物的测定有诸多优点，如血液中含量高，人体红细胞寿命长 (约 120 天) 等，这为加合物的积累提供了很好的条件。此外，血清中的白蛋白加合物也可测定。

此外，芳香胺的血红蛋白加合物也是一种致癌物生物标志物 [41]。其在吸烟者体内含量比非吸烟者高 [30]。例如，近期的一项研究表明，抽吸相同数目卷烟时，女性比男性患膀胱癌的相对风险要大很多。和这种性别差异相一致，女性体内和每日吸烟相关的 3-(或 4-) 氨基苯 - 血红蛋白加合物含量要比男性高很多 [42]。而且这些加合物含量会在二手烟暴露下增高 [43]。

其他能和 N- 缬氨酸取代的血红蛋白发生反应的加合物也能为预测吸烟者对致癌物的摄入提供支持 [44,45]。其中的杰出代表包括环氧乙烷、丙烯腈及丙烯酰胺加合物 [28,46,47]。

4.7.6 尿液的诱变活性

标准沙门氏菌诱变测试表明，吸烟者尿液具有诱变活性。该测试在存在或不存在代谢活化系统的两种情况下，将 S 鼠伤寒菌株恢复，以评估尿液诱变活性。尿液的诱变活性能够反映潜在致癌物的暴露量。组内实验表明，尿液的诱变活性和卷烟消费量有关，而且，当吸烟者将常规卷烟变为超低焦油量卷烟时，其活性会降低[48]。然而，其他的环境因素也会引起尿液诱变活性，所以，在做卷烟烟气相关实验时，应该控制这些环境暴露。

4.8 测定生物学变化

卷烟烟气含有超过4000种成分，并会对人体大多数器官造成损伤[49]。当前，我们对单个化合物与全烟气暴露所致疾病之间的关系还不十分清楚，试图通过已知化合物的浓度水平及毒性来推测其疾病风险，从而预测吸烟的风险等级[50]。而且，一种或一类化合物含量的减少并不一定能够降低疾病风险，再者，如果要使疾病风险显著降低，有害物质需要降低到哪种程度，也是未知的。

利用烟草化学和毒理学方法来评估吸烟相关疾病风险具有局限性，这促进了暴露于烟气及其释放物的受试体中的细胞及生理反应检测方法的发展。这种生物变化标志物能体现出复杂烟气释放物体系的生物反应的不同，并能够用来表现使用不同烟草制品及 PREP 时其生物反应的不同。以后需进一步研究哪种生物标志物能有效预测疾病风险，以及该生物标志物含量变化到何种程度才能对疾病发生的预测有意义。

到目前为止，本报告中还没有一种生物变化标志物经验证能够拥有独立预测疾病风险的能力。许多标志物被用作流行病学调查中疾病的风险因子，而且在戒烟或减少烟草消费时，有一些标志物含量下降，表明其与烟气暴露有一定的剂量 - 效应关系。那些暴露量改变及生物标志物含量增高的人群，与那些暴露量改变量一样但是生物标志物含量降低的人群相比，其患病风险是否更低，仍是不确定的。需要进一步研究哪种生物标志物只是简单反映烟草暴露的生物反应，而哪种生物标志物的变化是烟草暴露导致疾病关键路径的重要一环。我们的研究目标是发现一种生物标志物，这种标志物含量的变化能可靠预测导致疾病的某种变化。本报告中讨论的许多生物标志物都有很大可能实现上述目标。

生物变化标志物并不只归因于烟草消费。然而，表 4.1 所列和即将讨论的生物标志物在吸烟者与非吸烟者之间含量差异很大，并且其含量变化与戒烟及减少烟草消费所致烟草暴露的变化有相关性，表明这些标志物具有作为伤害及风险生物标志物的价值 [2]。

4.8.1 氧化损伤的评估

烟气气相物和粒相物中含有的高浓度氧化物和心血管疾病，肺病和癌症相关组织损伤、炎症、内皮功能紊乱，血栓及其他因素有关 [51]。烟草制品中的氧化物是多种多样的，包括氮氧化物、自由基和其他活性因子。

因为氧化物活性很高，所以直接测定这些化合物在体内的暴露量难度很大。实验室研究已确定了多种可作为潜在的测定氧化物暴露量的氧化应激生物标志物。氧化剂增加了细胞膜中的脂质过氧化，

并释放出 F_2- 异前列素。F_2- 异前列素存在于血液和尿液中，可以作为氧化应激的指示剂和对膜脂生物效应的标志物。氧化应激也会导致血液中氧化低密度脂蛋白及氧化纤维蛋白原浓度偏高。此外，氧化剂能导致 8- 氧桥鸟嘌呤 - 和 8- 氧化脱氧鸟苷 -DNA 加合物的形成，这些加合物可能在尿液中作为降解产物被检测到。氧化应激还可以作为硫代巴比妥酸反应物被检测到。

4.8.2　炎症的检测

肺部炎症是临床确诊慢性阻塞性肺病的重要依据，并在疾病发展过程中起到重要作用[49]。炎症在心血管疾病和癌症发生过程中起到一定作用，并成为损伤和疾病风险很好的潜在生物标志物。在实验室中，大量生物标志物被用于评估炎症症状[52]。Hatsukami 及其同事[2] 在综述中指出：它们包括"总白细胞和中性白细胞数、C 反应蛋白、纤维蛋白原及白细胞介素 -6 等。此外，许多细胞表面黏附分子在炎症状态含量增加，包括可溶性细胞黏附分子 (sICAM)、可溶性血管细胞黏附分子 (sVCAM-1) 和单核细胞趋化蛋白 -1(MCP-1)"。巨噬细胞和中性粒细胞的支气管肺泡清洗和痰试验也为呼吸道和肺部烟气暴露的炎症细胞反应提供了有用的信息。吸烟者痰中的中性粒细胞数及支气管肺泡洗液中的巨噬细胞数都较多。

4.8.3　内皮功能紊乱的检测

吸烟与多种血管内皮细胞功能紊乱有关，这可能会导致动脉硬化和心血管疾病。尽管这些测定方法中的许多受其他因素影响，如糖尿病、高血压、高血脂和某些药物，在对比试验中，它们仍可能用以评估烟草消费的影响。

主动和被动吸烟影响最广泛的功能是内皮细胞功能障碍和血流介导的血管扩张[53]。在血压袖带阻断动脉血流前后，利用多普勒超声仪来对臂动脉进行成像。随着袖带的释放，通过内皮细胞释放一氧化氮和前列环素来增加臂动脉直径。尽管相关检测参数与非吸烟人群有大量重叠，在主动和被动吸烟人群中，能观测到血液流量介导扩张功能的损伤[2]。血液流量介导扩张功能不容易测定。这需要有高水平技能的人才能进行准确测定，因此在实验室中也是最有用的。

其他测量血液内皮功能障碍的潜在标志物包括非对称二甲基精氨酸、血管假性血友病因子、组织型纤溶酶原激活剂(t-PA)、E- 选择素、P- 选择素以及尿中的前列环素代谢物[2,54]。

4.8.4　凝血的检测

凝血在心血管疾病的表现中起着重要的作用，和不吸烟者相比，吸烟者的血液凝固性更高[2]。血小板的活化与冠状动脉的线性损伤和凝血噁烷的合成与分泌有关，而这反过来又促进了血管收缩和血小板聚集。主动和被动吸烟与血小板活化有关。高凝血状态的标志物包括增加尿液中的血栓素 A2 代谢产物浓度。当血小板在体内聚集时，就会释放出血栓素 A2[55]。其他高凝血状态相关生物标志物包括纤维蛋白原、红细胞数量、血液黏度、t-PA、尿激酶型纤溶酶原激活物抑制物 (PAI-1)、同型半胱氨酸和 P- 选择素[56]。选择素是内皮细胞和血小板所释放的黏附分子[57]。

4.8.5 胰岛素耐受性

胰岛素耐受性是糖尿病和心血管疾病的风险因素。糖负荷后胰岛素与葡萄糖的比例是胰岛素敏感度的有用指数。最权威的研究是葡萄糖钳制研究，在这个研究中，在葡萄糖浓度恒定的情况下对胰岛素含量进行测定，反之亦然。

4.8.6 循环内皮前体细胞

循环内皮前体细胞研究在实验室中可能是有用的，但在常规研究中技术含量太高。

4.8.7 股骨及颈内动脉中内膜厚度

有研究表明，在吸烟者及二手烟暴露人群的股骨及颈内动脉中内膜厚度增加 [58]，这反映了这些血管的早期疾病程度。在戒烟情况下还没有相关测试数据 [2]。

4.8.8 外围淋巴细胞的姐妹染色单体交换

外围淋巴细胞的姐妹染色单体交换 (SCE) 是 DNA 损伤的指示剂。相比非吸烟者，吸烟者外围淋巴细胞 SCE 含量会升高 [59]。

4.9 现有生物标志物的总结

WHO 烟草制品研究小组认为，对烟草制品，特别是宣称降低暴露或致病风险的烟草制品进行有效管制时，开发有效的表征单一成分暴露的生物标志物是非常有用的，这些生物标志物能有效表征全烟气暴露，或能准确预测产品的致病风险。WHO 曾经描述了一些当前评估方法的局限性 [60,61]。许多实验室研究已发现了大量潜在的暴露型及效应型生物标志物。最近关于这些潜在的生物标志物的一篇综述 [2] 总结说，一些烟草释放物暴露及诸如炎症和内皮损伤的生物标志物是存在的，但该综述又总结："没有生物标志物能用来代表烟草相关疾病。" [2]

暴露型或效应型生物标志物在实验、调查、评估、监控和监管环境中有潜在的价值。本报告主要集中于生物标志物在烟草制品管制中所起的作用，并尝试从大量现有研究所涉及的生物标志物中将我们所需要的选出来。

问卷调查及烟草消费量是评估人群烟草暴露量的最常用方法，而且，这种方法还可能会继续使用较长时间，因为获取人群中有代表性样本的生物标志物花费大而且比较困难。暴露型生物标志物能够提高问卷调查中烟草消费行为的准确性，并对问卷调查中通过每日吸烟量（或其他调查方式得出的烟草消费量）得出的烟草暴露强度进行补充。暴露型生物标志物测量的是近期烟草消费情况（数天或数周，对于头发或指甲来说有数月），因此不适用于测定长期消费情况。

使用现有标准方法及吸烟机来测定卷烟烟气释放物不能提供人体对于有害物质暴露量的可靠结果，而且也没有标准方法来测定其他烟草制品的有害物质生成量，如比迪烟、水烟和无烟烟草制品等。对人体体液的烟气成分或代谢物（烟碱、可替宁、CO、硫氰酸盐、NNAL等）进行测定，进而评估这些成分的个体暴露量，其结果重复性较好，而且这些测试结果会随着烟气暴露量的升高而升高，这说明这些化合物有作为暴露型生物标志物的价值。

特定成分的暴露型生物标志物可以用来测定该成分的暴露量，也可用来预测烟气或无烟烟草制品的全成分暴露量。Hatsukami及其同事所确定的特定暴露型生物标志物能够用来测定该成分的暴露量[2]。

当评估或比较人群烟草消费量时，如果其平均烟草制品消费量类似，则可以用特定组分的生物标志物来预测烟草总暴露量。例如，使用流行病学方法对疾病风险进行比较时，可替宁含量要比问卷调查中的CPD能更好地预测卷烟烟气总暴露量，这也说明了生物标志物在评估烟气总暴露量中的价值[8]。

然而，使用单一暴露型生物标志物来预测其他有害物质暴露或总烟气暴露时，需假定所有有害物质及全烟气的暴露量、摄入量及代谢量与该生物标志物具有稳定关系，且该关系在各种消费行为中都保持不变。需进一步说明，即假设所进行比较的烟草制品的释放物含有相似的混合成分，不同基因型及代谢特征的人群对不同成分的摄入量是相同的，且不同消费行为人群对不同组分的相对吸收和代谢量是类似的。人们不反对流行病学调查中使用生物标志物来预测烟草暴露量，只是需要将重度与轻度消费者区分开来，但是，如果不同卷烟产品单位烟碱有害物质暴露量差别很大，或这些卷烟产品在种族和基因型差异很大人群中的可替宁含量差别很大，则利用生物标志物来评估暴露量是有局限性的。

这些假设也不一定成立。Joseph 及其同事研究得出 CO、可替宁、NNAL 和 I-HOP 对 CPD 的不同剂量 - 效应关系，原因之一就是上述假设不成立 [6]。当不是比较重度和轻度消费人群，而是比较使用不同烟草制品的具有相似消费量的人群时，不同消费品、不同人群、不同消费方式都可能限制单一生物标志物在预测其他有害物质暴露量中的应用。基于同样的原因，它们也限制了比较不同产品差别时使用单一生物标志物用于预测全部有害化合物和烟气暴露量的可能性。当选择单一生物标志物来评估烟草制品的不同时，应当考虑这些限制，而当要比较不同产品的差异时，使用单一生物标志物来评估烟气中其他所有有害物质的暴露量，也是不太适合的。

在比较不同的烟草消费模式 (燃烧型或无烟烟草)，或比较卷烟与 PREP 时，使用单一暴露型生物标志物，如可替宁，来评估所有有害物暴露量时，受到更大限制；而且当前这种比较应该限制在对单组分暴露量的评估，而不是全部有害物质暴露量。

体液中只有一小部分烟草或烟气有害物质或其代谢物能被准确地和高重复性地定量，这使现有的暴露型生物标志物来评估全部有害物质暴露量更加困难。

使用暴露型生物标志物可替宁来评估烟碱替代疗法中的戒烟方法有效性的应用价值不高，因为当人们停止使用烟草时，他们还会继续使用药用烟碱产品。尿液中微量烟草生物碱，如假木贼碱和新烟草碱，或总 NNAL 量，或许可以用以监测这种戒烟行为，因为药用烟碱产品中不含有这些化合物。

通过问卷调查来确定二手烟暴露量是比较困难的，除非调查对象和一个烟民结婚或在一个二手烟污染严重的环境中工作。一些暴露型生物标志物，特别是可替宁和总 NNAL 量，能有效评估二手烟暴露量。

利用 CPD 作为评估使用量的标志物时，烟草使用量可预测大量疾病的发生 [49,59]。CO、可替宁、NNAL 和 I-HOP 与问卷调查中 CPD 显著正相关，故可以用以预测烟草暴露量。可替宁与肺癌风险有一定的剂量 - 效应关系，可能是一个比流行病学调查中的 CPD 能更准确地预测烟草消费量的方法。当吸烟者具有相似吸烟行为，但使用不同烟草制品时，需要研究多种生物标志物来最准确评估有害物质暴露总量。

大量生物标志物用于检测生理过程，如炎症，这些生物标志物在吸烟者体内含量比非吸烟者高，具有剂量 - 效应关系，其中一些在预测心血管疾病的统计分析中有独特作用。可以更加惊喜地预测，这些生物标志物的变化和烟草消费量变化相一致，并可能快速预测不同的长期疾病发生风险。与暴露型生物标志物测定暴露量不同，过程型生物标志物有可能区分哪些吸烟者刚开始吸烟不久，哪些吸烟者可能会发生疾病。这些生物标志物能够确定哪些吸烟者的生物变化异常，以及哪些吸烟者的疾病风险增加，监管部门更有可能利用这些生物标志物在这方面的特点来测定烟草制品的毒性或风险。此外，这些标志物使人们对吸烟者的体内变化有了深刻了解，并促进了人们对疾病机理的理解。

还需要进一步开展一系列的研究才能将这些生物变化的研究应用到管制政策中。这些研究包括使用不同烟草制品所导致的生物标志物变化是否能够预测其不同的疾病发生率。此外，也有必要研究生物标志物含量变化到哪种程度才能够可靠预测疾病风险的改变。能预测风险的生物标志物可能在这个方面有所作为，因为它们是疾病发生机理的关键组成部分，或它们可能只是和暴露量及暴露结果有关，而不是最终导致疾病的组织损伤的原因。比如，吸烟者与非吸烟者相比，其炎症相关生物标志物含量升高，而炎症明显在吸烟引起的慢性肺病中起着重要作用。然而，除了炎症，慢性肺病的发生还包括其他机制，不管戒烟与否，炎症或其标志物严重程度的改变，是否能导致慢性疾病的发生，是不确定的。

烟气含有数千种成分，能够对几乎所有组织系统造成损害。这意味着当我们使用生物标志物来预测危害性时，应当考虑考察更多的疾病，而不是仅仅一种。当前过程型生物标志物的缺失限制了生物标志物作为一种监管工具的使用，也为以后的研究提出了巨大的挑战。

监管部门面对大量新型或改进的烟草制品，在基于这些产品对健康影响的结果出来之前，监管部门必须对这些产品加以判定。在对产品的研究结果明朗之前，监管部门可以向专家小组寻求帮助，这些专家可以对该产品的特性（包括释放物，毒性，暴露型、效应型及研究型生物标志物等）做一个综合评估，以对不同产品可能的相对暴露量、风险及危害性做出评估。

4.10　暴露型及效应型生物标志物的推荐应用

对监管部门来说，生物标志物是一个有力的工具，可以用来评估烟草制品，并降低其对公众健康的危害，所以说，生物标志物可在多个方面有应用价值。

4.10.1 提高测定烟草消费方式的准确性

在许多情况下，烟草消费行为问卷调查能够为评判控烟效果及烟草消费趋势提供足够准确的信息。然而，如果调查对象为刚刚停止吸烟的人群[62]，若他们中间有部分人故意歪曲真实情况，或对吸烟行为的准确定义具有关键影响（如临床试验），那么暴露型生物标志物会发挥重要作用。在不使用烟碱替代疗法及其他烟草制品时，可替宁含量是确定一个人是否吸烟的一个最好的生物标志物。在研究青少年的吸烟行为时（过去 30 天内吸一支烟都构成吸烟行为），或当受试人群中含有大量非每日吸烟人群时，测定可替宁含量则意义不大[63]。此外，非常重度的二手烟暴露人群体内可替宁含量和那些轻度，特别是偶尔吸烟人群相比，会有一定重叠，尽管这种重度二手烟暴露者较少见。当使用烟碱替代疗法时，不能用可替宁含量来研究吸烟行为，而可以用其他生物标志物如微量生物碱或总 NNAL 量。当使用暴露型生物标志物来提高研究无烟烟草制品消费行为准确度的时候，上述优缺点也同样存在。

保险业和监管部门可以应用暴露型生物标志物来检查临床戒烟方案及其他受资助戒烟方案的成功率，以测定这些戒烟方案的相对有效性及其成本效用。

可以通过包括烟草销量调查或消费量调查问卷的人群调查来研究大规模人群的烟草消费情况。获取人群代表性样品生物标志物费用高，时间长，使其在提高烟草消费行为人群调查结果准确性方面的应用不太现实。许多生物标志物的获取过程较为繁琐，降低了人们的参与度，此外，生物标志物的搜集及测试费用不断升高，这需要与增大受试人群数量所产生的费用找到一个平衡。问卷调查数据对于大多数指征是足够的，包括研究控烟措施对普通民众的影响及调查烟草消费情况等。

监控或评估在保健及其他情况下戒烟措施的有效性时，可能有必要对烟草消费行为进行更精确的定义。当戒烟者使用烟碱替代疗法时，不能使用可替宁含量来评估烟草消费行为，所以，此目标不易达成。在这项研究中，烟草微量生物碱及总 NNAL 量的测定费用可以通过提高检测结果的准确性及降低对统计结果有重要影响的受试人群数量来控制。

对人体生物标志物的定期搜集是一个极有价值的研究方法。这些实验数据可以用来应用到那些使用调查问卷不太准确的烟草消费行为研究中，并可以用来描述个体基因及代谢特征及其对暴露量与相应生物标志物含量关系的影响。

使用生物标志物来提高调查烟草消费行为的准确性是一种提交给管制当局的关键研究内容，以求戒烟疗法得以批准；也是确定与烟草消费行为有关的不同保险费率或就业机会的标准。生物标志物也被强烈推荐作为评估或监控控烟措施有效性的一种研究手段，以实现作出纲领性公共决策和投入研究经费的目的。大型公共决策会依赖于这些生物标志物的相关研究结果，从而使评估烟草消费行为准确性具有很大价值。

4.10.2　评估特定化学成分的暴露量

毫无疑问，在评估个体近期的烟碱摄入量时，其体液、头发或指甲中的烟碱或可替宁含量比每日抽烟量或其他烟草使用量的问卷调查更准确。对于表 4.1 所列人体摄入致癌物或突变原的生物标志物来说，也是如此。

生物标志物的方法提高了测定相关成分对人体暴露量的准确性，在评估烟草致癌及致病机理的实验研究方面，具有重大意义。烟碱和其他成分暴露量评估结果准确性提高，可被管制机构用以证实不同烟草制品降低暴露的宣称以及在不同实验条件下评估其暴露量。

烟草制造商开发了许多 PREP 产品并投入市场。一些产品，包括"低焦油"卷烟，并不能降低暴露量或减害 [9,64,65]。对于其他声称降低暴露量的烟草制品，也只是降低了一部分致癌物，而其他有害物质暴露量并没有降低 [27]。这些研究结果的不同说明，通过生物标志物而不是通过释放量来评估暴露量的减少，对于这些声明的管制是必要的。

对于这些降低暴露量声明的评估，需要区分这些产品降低暴露量是因为消费者个人消费习惯的变化，还是因为产品设计变化导致的消费者对产品选择产生的变化。当前，只有当实验中消费者可以随意选择不同的烟草制品时，研究所得出的降低暴露量的结果才具有可信度。在普通人群实验中，让消费者随意选择烟草制品来进行生物标志物含量测试，能同时兼顾个人消费习惯和不同产品的特征，这两种因素都能够影响暴露量。因此，在普通人群实验中消费者使用不同烟草制品所得出的生物标志物暴露量差异不能得出产品差异性的结论。

即使对于一个实验设计来说，谨慎选择对照组也是有必要的 [66]。在实验中，如果吸烟者转而抽吸一种不同的烟草制品，经常会降低抽吸强度，特别是当他们发现这种产品与他们的常用品牌差别较大或满足感不强的时候。因为个人在非实验条件下，如果发现烟草制品没有满足感的话，很有可能会停止消费该产品，所以，在人群实验中，如果实验者转向新产品，在比较新老产品的暴露量时，新产品会比真实值偏低。在没有对照组的情况下对新老产品进行比较时，新产品的暴露量会偏低，其中原因是由于人们对新产品的接受度较低，而不是产品设计改变的缘故。基于此，推荐的实验方法是设立对照组，并使测试组和对照组都使用新产品。设立对照组的关键在于选择一种供对照组使用的产品，该产品与受试产品在设计上有显著不同，但有相似的不可接受度。当评估实验中产品暴露量差异时，需要将对照组和受试组的产品满意度差异考虑在内[1]。

暴露型生物标志物能可靠定量单个化学成分对个体的暴露量，人群的可替宁含量测试能检验多个重要的公众健康问题。暴露型生物标志物（可替宁）与代表性的人群调查结果相结合，如"公共卫生及营养调查"和"英国卫生调查"，能够提供美国二手烟暴露量变化情况的人群调查报告[67-69]及英国吸烟者烟碱暴露量及卷烟烟碱标注量一致性报告[5]。这些研究说明利用生物标志物对代表性人群样本进行分析对烟草制品管制具有重大意义。需特别指出的是，对烟气成分的测试与暴露型生物标志物相结合，为人们看到相关区域禁烟措施实施后烟草暴露量的变化提供了有力的工具。在各种区域禁烟令实施后二手烟暴露量的显著改变为这些禁烟措施的执行和扩大提供了依据和支持。

生物标志物含量受个人特征影响，如种族、代谢状态及基因型等，而且烟草消费行为也会受到一些个人特征的影响。例如，尽管摄入的烟碱量是一样的，可替宁含量还会根据个人特征不同而不同，如种族、基因和代谢状态等。未来基于人群调查的生物标志物及吸烟行为研究将确定哪些吸烟行为会影响真实暴露量与体液内生物标志物含量之间的关系。在大规模人群生物标志物实验之前，需要进一步了解这些影响生物标志物含量多样性的因素，以使生物标志物实验能够在评估吸烟行为时代替问卷调查或每日吸烟量调查。

4.10.3 通过评估暴露量来测定烟草总暴露量

单一烟气化学成分生物标志物也经常被用来定量评估烟草总暴露量。这种应用的基础是假定烟碱或其他生物标志物暴露量与其他烟气成分或烟气总暴露量有一个固定的比例关系。同样，无烟烟草制品中的单一释放物成分也被用来评估无烟烟草制品的总暴露量。这种假设具有一定的普适性。例如，具有高可替宁含量的吸烟者，其他生物标志物含量也较高，包括 CO、亚硝胺及 PAH 暴露量 [6]，以及问卷调查中的每日吸烟量等。然而，尽管受试者所使用烟草制品的品牌不变，一种生物标志物含量的不同仍不能准确预测其他标志物含量的不同 [6]。由于不同卷烟品牌之间烟气成分不同，所以其暴露量及生物标志物的相互比较也是复杂的 [70]。比如，研究表明，消费者从一种烟草制品转向 PREP 产品，一种生物标志物含量会降低，但是未必能预测其他生物标志物含量的降低 [27]。这些局限性限制了使用单一生物标志物来预测烟草总暴露量，而且现有经确定的单一有害成分生物标志物数量还很少，进而限制了使用一组生物标志物来预测烟草总暴露量。

对于主动吸烟者来说，用单一暴露型生物标志物来预测二手烟所有成分暴露量取决于一个假定，即烟气中的这些成分含量具有固定的比例。如果评估的是单个国家不同人群对传统卷烟二手烟相对暴露量，这种假定是成立的，并可以使用生物标志物来评估管制政策的变化对二手烟暴露量的影响。然而，如果要评估的是特定组分的暴露量，或 PREP 的暴露量，或比较国家间暴露量的不同，在评价暴露水平的不同时，需要考虑产品释放特性的不同。

4.10.4 减害的测定

本报告中烟草减害的定义为"在不完全避免摄入烟草及烟碱时，将危害降到最小，并降低发病率和死亡率"[9]。现有卷烟产品的改进，加热而不是燃烧烟草的设备，通过一系列的产品和设备来口部摄入烟碱，都称为减害产品，或总称为"PREP"[9,60,71]。烟草公司所开发的这种"减害产品"包括过滤型卷烟，"低焦油"和"中焦油"卷烟等。这类产品都不能确定是否有减低暴露或减害的效果。这使管制者意识到，在 PREP 进行减害声明之前，需要对其进行充分评估。

在实验室中，可利用暴露型生物标志物来评估这些 PREP 的减害声明，但是，现在缺乏评估危害性的生物标志物，所以，在缺乏实际致病率测定结果时，确认类似减害声明是不可能的[1,2,72]。此外，当前有限的生物标志物并不能综合及有效评估总有害物质暴露量，所以不能用来评定总暴露量和风险。

现有有限数量的生物标志物，如测定早期生物效应、形态改变、结构或功能以及和危害相关的临床症状，不能为癌症疾病风险和其他吸烟导致疾病提供科学有效的预警[2]。不幸的是，这些能够提供科学有效预警的生物标志物的缺乏使管制部门在当前不能只基于这些生物标志物对这些减害声明进行充分评估，而且使用当前的生物标志物评估技术并不能说明这些产品暴露量降低与否（不是减害）。WHO 烟草制品管制研究小组之前曾建议，在缺乏足够证据证明烟草制品能够降低疾病风险的情况下，管制机构应禁止这种减害声明[61]。对于一些产品，如无烟烟草制品和烟碱替代疗法，有大量的流行病学和临床研究数据；在评估这些产品的危害性时，可以利用这些信息来支撑暴露型生物标志物的测定结果。

效应型生物标志物可以用来评估消费不同类型烟草制品生物效应的不同，如卷烟、水烟、无烟烟草制品和 PREP 等。管制者还可以使用效应型生物标志物来评估产品成分变化所导致的生物效应的不同。产品生物效应和释放物、生物标志物的差异可为管制机构专家咨询委员会在控烟管制政策方面提供有用的建议。

研究组认为，监管者应该采取行动，而且，尽管相关科学研究还不充分，或者还没有，也应该采取进一步措施。本报告对生物标志物的描述是为了呈现当前关于利用生物标志物的有限的科学证据，以使监管者能够应对那些可以向专家咨询委员会寻求答案的问题。

4.11　所推荐生物标志物的总结

暴露型生物标志物应该在以下研究中加以应用：检验戒烟干预的管制建议，支撑降低暴露的声明，确定不同产品的潜在致瘾性，以及评估或监控个体水平戒烟干预措施的效果等。此外，暴露型生物标志物在评估特定管制政策的变化对普通人群烟草暴露量影响，特别是一般或特定场合的禁烟措施对非吸烟人群烟草暴露量的降低程度时，具有巨大作用。

针对这些研究目的，生物标志物目前最广泛的应用是测定血液、唾液、尿液、头发及指甲中的可替宁含量。在个体可能使用烟碱替代疗法的实验中，测定尿液中的 CO 和硫氰酸盐，假木贼碱和新烟草碱等微量生物碱或 NNAL 含量对烟草消费也有高度专一性，如果实验室具备对这些化合物进行准确定量的能力的话。

烟碱暴露型生物标志物的测定能在一定程度上用于区别消费者

的烟草使用量，然而，当用来比较不同烟草制品的暴露量时，它们并不能准确比较烟草使用过程中的其他有害物质或总有害物质的暴露量。烟碱生物标志物的差别不足以支撑除了烟碱之外其他成分的暴露量降低声明。数量有限的其他烟草有害物质（其中大部分是致癌物）的经验证的生物标志物可以用来评估这些有害物质的暴露水平；但是，人们对当前烟气及其致病机理的理解尚不充分，还不足以将这些暴露型生物标志物作为评估总有害物质暴露量或这些有害物质暴露所引起疾病风险的指标。

针对烟草消费量和消费频率的问卷调查仍然是当前评估普通人群中总体烟草消费行为的推荐方法。然而，生物标志物所测定吸烟行为和暴露量准确性的提升为公共政策改变所造成的烟草消费行为或消费量改变的调查评估提供了巨大价值。

暴露型生物标志物和生物效应型生物标志物可以用在对比试验中，以测定由不同烟草制品消费所引起的暴露和生物效应，如无烟烟草制品、PREP 和声明可以降低暴露量的产品等。

现有的生物效应型生物标志物含量的改变尚不能确定能否预测烟草相关伤害或疾病，或预测个体、群体行为。现阶段也没有生物标志物，或一组生物标志物，可以用以支持那些管制相关的减害声明。经验证的一些过程（如炎症、氧化应激和内皮功能紊乱等）生物标志物是存在的，并能为管制机构对评估不同烟草制品的生物效应提供帮助，而这些生物效应可能是致病机理的一部分。在评估不同烟草制品毒性时，这些生物过程生物标志物应该与释放物、暴露型生物标志物及设计特性测定，以及现有的流行病学和临床数据相结合。这种全方位的评估将为基于降低烟草相关伤害和疾病的烟草制品管制提供帮助。

参 考 文 献

[1] Hatsukami DK et al. Methods to assess potential reduced exposure products. *Nicotine and Tobacco Research*, 2005, 7:827–844.

[2] Hatsukami DK et al. Biomarkers to assess the utility of potential reduced exposure tobacco products. *Nicotine and Tobacco Research*, 2006, 8:169–191.

[3] Benowitz NL et al. Compensatory smoking of low yield cigarettes. In: *Risks associated with smoking cigarettes with low machine-measured yields of tar and nicotine*. Bethesda, MD, United States Department of Health and Human Services, National Institutes of Health, National Cancer Institute, 2001 (Smoking and Tobacco Control Monograph No. 13; NIH Publication No. 02-5074), 39–64.

[4] Benowitz NL et al. Smokers of low-yield cigarettes do not consume less nicotine. *New England Journal of Medicine*, 1983, 309:139–142.

[5] Jarvis MJ et al. Nicotine yield from machine-smoked cigarettes and nicotine intakes in smokers: evidence from a representative population survey. *Journal of the National Cancer Institute*, 2001, 93:134–138.

[6] Joseph AM et al. Relationships between cigarette consumption and biomarkers of tobacco toxin exposure. *Cancer Epidemiology Biomarkers & Prevention*, 2005, (12):2963–2968.

[7] Whincup PH et al. Passive smoking and risk of coronary heart disease and stroke: prospective study with cotinine measurement. *British*

Medical Journal, 2004, 329(7459):200–205.

[8]   Boffetta P et al. Serum cotinine level as predictor of lung cancer risk. *Cancer Epidemiology Biomarkers & Prevention*, 2006, 15:1184–8.

[9]   Stratton K et al. Clearing the smoke: assessing the science base for tobacco harm reduction. Washington, DC, National Academy Press, 2001.

[10] Byrd GD et al. Comparison of measured and FTC-predicted nicotine uptake in smokers. *Psychopharmacology*, 1995, 122:95–103.

[11] Benowitz NL et al. Nicotine metabolic profile in man: comparison of cigarette smoking and transdermal nicotine. *Journal of Pharmacology and Experimental Therapeutics*, 1994, 268:296–303.

[12] Perez-Stable EJ, Benowitz NL, Marin G. Is serum cotinine a better measure of cigarette smoking than self-report? *Preventive Medicine*, 1995, 24:171–179.

[13] Benowitz NL. Cotinine as a biomarker of environmental tobacco smoke exposure. *Epidemiologic Reviews*, 1996, 18:188–204.

[14] Benowitz NL, Jacob P III. Metabolism of nicotine to cotinine studied by a dual stable isotope method. *Clinical Pharmacology & Therapeutics*, 1994, 56:483–493.

[15] Hukkanen J, Jacob P III, Benowitz NL. Metabolism and disposition kinetic of nicotine. *Pharmacological Reviews*, 2005, 57:79–115.

[16] Vineis P et al. Levelling-off of the risk of lung and bladder cancer in heavy smokers: an analysis based on multicentric case-control studies and a metabolic interpretation. *Mutation Research*, 2000, 463:103–110.

[17] Haley NJ, Hoffmann D. Analysis for nicotine and cotinine in hair to

determine cigarette smoker status. *Clinical Chemistry*, 1985, 31:1598–1600.

[18] Kintz P. Gas chromatographic analysis of nicotine and cotinine in hair. *Journal of Chromatography*, 1992, 580:347–53.

[19] Koren G et al. Biological markers of intrauterine exposure to cocaine and cigarette smoking. *Developmental Pharmacology and Therapeutics*, 1992, 18:228–236.

[20] Stout PR, Ruth JA. Deposition of [3H]cocaine, [3H]nicotine, and [3H]flunitrazepam in mouse hair melanosomes after systemic administration. *Drug Metabolism and Disposition*, 1999, 27:731–735.

[21] Dehn DL et al. Nicotine and cotinine adducts of a melanin intermediate demonstrated by matrix-assisted laser desorption/ionization time-of-flight mass spectrometry. *Chemical Research in Toxicology*, 2001,14:275–279.

[22] Davis RA et al. Dietary nicotine: a source of urinary cotinine. *Food and Chemical Toxicology*, 1991, 29:821-827.

[23] Jacob P III et al. Minor tobacco alkaloids as biomarkers for tobacco use: comparison of cigarette, smokeless tobacco, cigar and pipe users. *American Journal of Public Health*, 1999, 89:731–736.

[24] Jacob P III et al. Anabasine and anatabine as biomarkers for tobacco use during nicotine replacement therapy. *Cancer Epidemiology Biomarkers & Prevention*, 2002, 11:1668-1673.

[25] Hecht SS. Human urinary carcinogen metabolites: biomarkers for investigating tobacco and cancer. *Carcinogenesis*, 2002, 23:907–922.

[26] Hecht SS. Biochemistry, biology, and carcinogenicity of tobacco-

specific Nnitrosoamines. *Chemical Research in Toxicology*, 1998, 11:559–603.

[27] Hatsukami DK et al. Evaluation of carcinogen exposure in people who used "reduced exposure" tobacco products. *Journal of the National Cancer Institute*, 2004, 96:844–852.

[28] Pfeifer GP et al. Tobacco smoke carcinogens, DNA damage and p53 mutations in smoking-associated cancers. *Oncogene*, 2002, 21:7435–7451.

[29] Phillips DH et al. Methods of DNA adduct determination and their application to testing compounds for genotoxicity. *Environmental Mutagenesis*, 2000, 35:222–233.

[30] Phillips DH. Smoking-related DNA and protein adducts in human tissues. *Carcinogenesis*, 2002, 23:1979–2004.

[31] Kriek E et al. Polycyclic aromatic hydrocarbon-DNA adducts in humans: relevance as biomarkers for exposure and cancer risk. *Mutation Research*, 1998, 400:215–231.

[32] Gammon MD et al. Environmental toxicants and breast cancer on Long Island. I. Polycyclic aromatic hydrocarbon DNA adducts. *Cancer Epidemiology Biomarkers & Prevention*, 2002, 11:677–685.

[33] Veglia F, Matullo G, Vineis P. Bulky DNA adducts and risk of cancer: a metaanalysis. *Cancer Epidemiology Biomarkers & Prevention*, 2003, 12:157–160.

[34] Tang D et al. Association between carcinogen-DNA adducts in white blood cells and lung cancer risk in the physicians health study. *Cancer Research*, 2001, 61:6708–6712.

[35] Boysen G, Hecht SS. Analysis of DNA and protein adducts of benzo[a]pyrene in human tissues using structure-specific methods. *Mutation Research*, 2003, 543: 17–30.

[36] Hecht SS, Tricker AR. Nitrosamines derived from nicotine and other tobacco alkaloids. In: Gorrod JW, Jacob P III, eds. *Analytical determination of nicotine and related compounds and their metabolites.* Amsterdam, Elsevier Science, 1999, pp. 421–488.

[37] Foiles PG et al. Mass spectrometric analysis of tobacco-specific nitrosamine-DNA adducts in smokers and non-smokers. *Chemical Research in Toxicology*, 1991, 4:364–368.

[38] Schlöbe D et al. Determination of tobacco-specific nitrosamine hemoglobin and lung DNA adducts. *Proceedings of the American Association for Cancer Research*, 2002, 43:346.

[39] Golkar SO et al. Evaluation of genetic risks of alkylating agents II. Haemoglobin as a dose monitor. *Mutation Research*, 1976, 1–10.

[40] Ehrenberg L, Osterman-Golkar S. Alkylation of macromolecules for detecting mutagenic agents. *Teratogenesis Carcinogenesis and Mutagenesis*, 1980, 1:105–127.

[41] Skipper PL, Tannenbaum SR. Protein adducts in the molecular dosimetry of chemical carcinogens. *Carcinogenesis*, 1990, 11:507–518.

[42] Castelao JE et al. Gender- and smoking-related bladder cancer risk. *Journal of the National Cancer Institute*, 2001, 93:538–545.

[43] Hammond SK et al. Relationship between environmental tobacco smoke exposure and carcinogen-hemoglobin adduct levels in nonsmokers. *Journal of the National Cancer Institute*, 1993, 85:474–478.

[44] Mowrer J et al. Modified Edman degradation applied to hemoglobin for monitoring occupational exposure to alkylating agents. *Toxicological and Environmental Chemistry*, 1986, 11:215–231.

[45] Tornqvist M, Ehrenberg L. Estimation of cancer risk caused by environmental chemicals based on in vivo dose measurement. *Journal of Environmental Pathology Toxicology and Oncology*, 2001, 20:263–271.

[46] Bergmark E. Hemoglobin adducts of acrylamide and acrylonitrile in laboratory workers, smokers and non-smokers. *Chemical Research in Toxicology*, 1997, 10:78–84.

[47] Fennell TR et al. Hemoglobin adducts from acrylonitrile and ethylene oxide in cigarette smokers: effects of glutathione S-transferase T1-null and M1-null genotypes. *Cancer Epidemiology Biomarkers & Prevention*, 2000, 9:705–712.

[48] Benowitz NL et al. Reduced tar, nicotine, and carbon monoxide exposure while smoking ultralow, but not low-yield cigarettes. *Journal of the American Medical Association*, 1986, 256:241–246.

[49] *The health consequences of smoking: a report of the Surgeon General.* Atlanta, GA, United States Department of Health and Human Services, Centers for Disease Control and Prevention, National Center for Chronic Disease Prevention and Health Promotion, Office on Smoking and Health, 2004.

[50] Fowles J, Dybing E. Application of toxicological risk assessment principles to the chemical constituents of cigarette smoke. *Tobacco Control*, 2003, 12:424–430.

[51] Burke A, FitzGerald GA. Oxidative stress and smoking-induced tis-

sue injury. *Progress in Cardiovascular Disease*, 2003, 46:79–90.

[52] Pearson TA et al. Markers of inflammation and cardiovascular disease: application to clinical and public health practice: a statement for healthcare professionals from the Centers for Disease Control and Prevention and the American Heart Association. *Circulation*, 2003, 107:499–511.

[53] Puranik R, Celermajer DS. Smoking and endothelial function. *Progress in Cardiovascular Disease*, 2003, 45:443–458.

[54] Cooke JP. Does ADMA cause endothelial dysfunction? *Arteriosclerosis, Thrombosis, and Vascular Biology*, 2000, 20:2032-2037.

[55] Nowak J et al. Biochemical evidence of a chronic abnormality in platelet and vascular function in healthy individuals who smoke cigarettes. *Circulation*, 1987, 76:6–14.

[56] Benowitz NL. Cigarette smoking and cardiovascular disease: pathophysiology and implications for treatment. *Progress in Cardiovascular Disease*, 2003, 46:91–111.

[57] Ley K. The role of selectins in inflammation and disease. *Trends in Molecular Medicine*, 2003, 9:263–268.

[58] *The health consequences of involuntary exposure to tobacco smoke: a report of the Surgeon General*. Atlanta, GA, United States Department of Health and Human Services, Centers for Disease Control and Prevention, Coordinating Center for Health Promotion, National Center for Chronic Disease Prevention and Health Promotion, Office on Smoking and Health, 2006.

[59] *Tobacco smoke and involuntary smoking* (IARC Monographs on the

Evaluation of Carcinogenic Risks to Humans), IARC Monograph 83. Lyon, France, International Agency for Research on Cancer, World Health Organization, 2004.

[60] WHO Scientific Advisory Committee on Tobacco Product Regulation. *Statement of principles guiding the evaluation of new or modified tobacco products*. Geneva, World Health Organization, 2003.

[61] WHO Study Group on Tobacco Product Regulation. *Guiding principles for the development of tobacco product research and testing capacity and proposed protocols for the initiation of tobacco product testing: recommendation 1*. Geneva, World Health Organization, 2004.

[62] *Tobacco control: reversal of risk after quitting smoking* (IARC Handbooks of Cancer Prevention), IARC Handbook 11. Lyon, France, International Agency for Research on Cancer, World Health Organization, 2006.

[63] Kandel DB et al. Salivary cotinine concentration versus self-reported cigarette smoking: three patterns of inconsistency in adolescence. *Nicotine and Tobacco Research*, 2006, 8:525–537.

[64] *Risks associated with smoking cigarettes with low machine-measured yields of tar and nicotine*. Bethesda, MD, United States Department of Health and Human Services, Public Health Service, National Institutes of Health, National Cancer Institute, 2001 (Smoking and Tobacco Control Monograph No. 13; NIH Publication No. 02-5074).

[65] Hecht SS et al. Similar uptake of lung carcinogens by smokers of regular, light, and ultralight cigarettes. *Cancer Epidemiology Biomarkers & Prevention*, 2005, 14:693–698.

[66] Hatsukami DK et al. Biomarkers of tobacco exposure or harm: application to clinical and epidemiological studies. 25–26 October 2001, Minneapolis, Minnesota. *Nicotine and Tobacco Research*, 2003, 5:387–396.

[67] Pirkle JL et al. Exposure of the US population to environmental tobacco smoke: the Third National Health and Nutrition Examination Survey, 1988 to 1991. *Journal of the American Medical Association*, 1996, 275:1233–1240.

[68] Pirkle JL et al. National exposure measurements for decisions to protect public health from environmental exposures. *International Journal of Hygiene and Environmental Health*, 2005, 208:1–5.

[69] Pirkle JL et al. Trends in the exposure of non-smokers in the U.S. population to secondhand smoke: 1988–2002. *Environmental Health Perspectives*, 2006, 114:853–858.

[70] Counts ME et al. Mainstream smoke constituent yields and predicting relationships from a worldwide market sample of cigarette brands: ISO smoking conditions. *Regulatory Toxicology and Pharmacology*, 2004, 39:111–134.

[71] *Tobacco: deadly in any form or disguise.* Geneva, World Health Organization, 2006.

[72] Henningfield JE, Burns DM, Dybing E. Guidance for research and testing to reduce tobacco toxicant exposure. *Nicotine and Tobacco Research*, 2005, 7:821–826.

5. 卷烟烟气中有害成分最高限量的设定

5.1 引　言

目前，在国际标准化组织 / 美国联邦贸易委员会 (ISO/FTC) 的抽吸模式下，使用吸烟机抽吸每支卷烟产生焦油、烟碱和其他烟气成分不能够有效评估人体对不同品牌卷烟暴露量或相对暴露量的差异，这已成为一个科学共识 [1-3]。其他更深度抽吸模式，例如马萨诸塞州和加拿大政府提出的抽吸模式，通常产生的卷烟释放量更高，并减少了不同卷烟品牌之间的差异。然而，这些抽吸模式依然根据焦油和烟碱释放量对卷烟进行分级；而这种分级并不能够反映出消费者抽吸这些不同品牌的卷烟时的暴露量或相对暴露量。

血液、尿液和唾液中的生物标志物可以精确测定人体对特定烟气成分的暴露量；这些暴露型生物标志物受到个体特征、个人吸烟行为及卷烟产品特征的影响 [2,3]。市场上的烟草品牌具有多样性（例如，根据 FTC 在 2000 年的报告 [4]，1998 年美国市场上有 1294 种品牌），消费者选择烟草产品具有随意性，消费者对不同产品的使用方式也有不同，这些因素的存在，使暴露型生物标志物作为管制工具来评估产品差异具有一定困难。在暴露型生物标志物实验中，为减少个体样品之间的差异，需要很大的样品量，并且由于消费者选择不同烟草产品而产生的差异计算也有困难，所以，当前，使用暴露型生物标志物并不能得出消费者使用不同产品间的差异，这种方法到目前为止更适用于实验室研究，而不适用于提供管制支持。

生物标志物的有效剂量（在重要的器官或组织中有害物质的含量）可能在未来有待发展和验证，并期望它们能更精确测定烟气摄入量和更好地预测烟气毒性[1]。在不久的将来，也可能发展出可用来测定损伤或疾病风险的生物标志物。这些生物标志物在将来也可能用于评估减害或测定不同烟草产品之间的风险差异。然而，当个体使用不同烟草产品时，使用生物标志物来评估这些烟草制品的相对危害或对不同含量特定化合物的暴露量，在将来有可能实现，但目前还不现实[5,6]。

人们对暴露型生物标志物的疑虑表明，将来测定不同品牌之间因设计差异不同而导致的结果不同，可能仅限于评估通过吸烟机所测定的烟气毒性差异。吸烟机抽吸产生的化学成分测定以及使用这些方法来评估产品危害性在当前对不同产品差异的科学评估方面具有局限性。吸烟机抽吸产生的烟气检测比较简单，且一致性好，并能反映出卷烟设计特征对有害物质释放量的影响，这对监管者以及那些对卷烟设计及释放物之间关系感兴趣的人具有一定意义。测定吸烟机产生的烟气测定结果并不能反映出这些设计改变对消费者吸烟行为的影响，实际或相对暴露量，以及消费者暴露量和风险的改变。

考虑到这个情况，2004年10月26~28日，在加拿大蒙特贝洛会议中，WHO烟草制品管制研究小组(TobReg)认为，当前通过吸烟机测定焦油、烟碱、CO来评估烟草制品的方法在误导消费者及大多数管制者[7]。TobReg还认为，在可靠的风险型生物标志物出现之前，放弃ISO条件下的焦油、烟碱、CO含量作为管制方法，将造成管制及信息披露上的空白，这不为WHO成员国所认可。

在开发出能够真实评估不同卷烟产品暴露量、危害性及风险的方法之前，作为一种管制烟草制品的权宜之计，WHO研究组建议采取一种基于测定烟气中单位烟碱 (mg) 有害成分含量的方法。该建议通过下述方法来测定烟气中的单位烟碱有害物质含量。采用单位烟碱有害物质含量的方法可减少测定单支卷烟有害物质水平所带来的误导。

推荐的这些方法也使研究者能够对卷烟设计及卷烟烟气组成之间的关系有更深入的了解，并能为管制者提供降低烟气中特定有害物质含量的方法。该建议允许在评估烟气成分毒性方法发展后对烟草制品采取管制措施，避免当前使用吸烟机对人体暴露量及风险评估的误导。该建议还允许管制者降低烟气释放物中的有害物质含量水平，而不是将关注点放在产品的含量或设计上。

特别地，WHO TobReg 确定在吸烟机条件下测定烟气相关成分含量的目的为："这些测试的目的是使管制者能够为提出的每毫克焦油或烟碱化学成分优先级清单设置最高限量。最高限量可基于在国际现有品牌中得分最低的五分之一来设置。"[7] 为了开始这项研究，并提出如何最好地贯彻执行 TobReg 所提目标的科学方针，WHO 无烟草行动组 (TFI) 及国际癌症研究机构 (IARC) 成立了一个工作组，来为烟草烟气有害成分设置最高限量，并提交给 TobReg。2006 年 4 月 10~11 日在法国里昂召开的工作组会议首次对 TSNA 设置了最高限量。

TobReg 还建议，基于卷烟烟气中化学成分的毒性和含量水平，烟草公司应列出每种卷烟品牌中这些化学成分的每毫克焦油含量。烟草公司应该报告市场上每种品牌及其附属品牌卷烟烟气中这些成分的含量，包括制造商为满足限量要求所做出的卷烟改变所造成的相关成分含量的改变。

在建议 1 中，TobReg 建议，下列有害成分的测定结果应该以每毫克焦油含量来计。

- 烟碱 / 游离态烟碱
- 焦油
- 一氧化碳
- 除去烟碱和水的粒相物与烟碱含量比
- 多环芳烃：苯并 [a] 芘
- 挥发性有机物：苯，1,3 - 丁二烯，甲醛，乙醛
- 亚硝胺：NNN，NNK，NAT，NAB
- 金属：砷，镉，铬，铅，汞，镍，硒
- 气相物：氮氧化物，氰化氢 [7]

　　针对这项清单，工作组决定，丙烯醛、芳香胺 (4- 氨基联苯胺、2- 萘胺) 和环氧乙烷应加入上述化合物清单中，且应该以单位烟碱含量来表示。接下来，在日本神户召开的第三次会议中，TobReg 采纳了工作组的建议，将丙烯醛、芳香胺 (4- 氨基联苯胺、2- 萘胺) 和环氧乙烷加入到上述化合物清单中。

5.2　管制策略

　　用单一的吸烟机测试模式来评估人体暴露量有局限性，其一在于个人吸烟行为具有多样性；其二在于，在吸烟机模式下，抽吸不同设计特性的卷烟时，其抽吸模式有很大不同。结果，当前广泛使用的吸烟机抽吸模式不能评估人体暴露量，也不能用于支持降低危害或风险的声明。烟草及烟草制品管制开发测试方法的 ISO 技术委员会 126 (TC 126) 最近意识到吸烟机模式的误导性，并针对所有的吸

烟机模式发布了一项正式决议，这项决议包括：

- 没有一种吸烟机模式能代表所有人的吸烟行为。

- 推荐了多种方法在不同强度抽吸模式下收集主流烟气来测试产品。

- 吸烟机测定模式可测定卷烟烟气释放量，并为卷烟设计和管制提供支持，但是，吸烟机测定结果会对吸烟者在品牌之间的暴露量及风险差异造成误导。

- 吸烟机测定的烟气释放量结果可能用以产品毒性评估，但不能用以测试人体暴露量或风险评估。将不同产品在吸烟机模式下测试结果的不同引申到这些产品暴露量或危害性的不同，是对 ISO 标准模式的误用 [8]。

尽管吸烟机测定结果在测定人体暴露量方面具有局限性，但吸烟机对单个有害烟气成分的测定可使管制者能够降低烟气中已知有害物质的含量水平。吸烟者抽吸卷烟是为了获得一定量的烟碱；因此，至少在吸烟机模式的吸烟条件下，通过单位烟碱含量来表示烟气中的有害物质含量，可以协同不同品牌卷烟烟气中烟碱的特定含量而对有害物质含量进行定量。基于这些测试的管制为降低不同卷烟品牌烟气中特定有害物质含量提供了足够多的信息，并在开发出可靠的测定暴露量、危害性及风险的方法之前，是一种有用的临时方案。

WHO TobReg 使用的这种管制措施是基于在公共卫生领域广泛应用的预防措施。不管可能与否，这种措施将任何产品中的有害物质含量降低到技术上可以达到的水平，是一种较好的产品生产过程。这种方法并不要求任何单一组分含量降低和人体疾病发病率降低之间具有特定联系。它只要求我们知道这种成分是有害的，而且降低其含量水平或将其除去是可行的。这种方法并不要求实际减害的证据；相应地，符合这些管制措施并不意味着该品牌是安全的，或比其他品牌危害性小。

此外，考虑到吸烟机测试模式的局限性，不同烟草制品通过推荐的测试模式所测试结果的不同不应该直接或间接透露给消费者。降低这些化合物的含量水平，纵然是降低那些被列为高度优先级清单的化合物含量水平，也不一定能真正降低有害化合物的危害性或暴露量。因此，这项建议的关键部分在于，管制者应负起责任，保证消费者不会通过直接或间接渠道获知这些信息，并以为那些符合限量要求或者符合政府制定的健康或安全标准的卷烟产品危害性低。

该项管制建议为特定有害成分单位毫克烟碱含量设置最高限量，并将那些不符合要求的品牌从市场上淘汰。当前市场上品牌的相应成分含量差异较大，因此，降低有害物质含量水平在技术上是可行的。通过设置限量来淘汰一批单位毫克烟碱有害物质含量较高的品牌，可降低吸烟机模式下市场上现存品牌有害成分的单位毫克烟碱平均含量。烟气中有害物质含量的显著降低还可以通过在技术上显著降低最高限量水平来实现。

在开发出科学评估暴露量及危害性的方法之前，应禁止任何基于吸烟机模式的健康或暴露量声明，以使监管者确定品牌之间的差异确实能够降低风险。该策略限制了新标准被用来作为营销手段误导消费者的风险。

利用品牌之间成分含量的差异性来设置最高限量，可确保市场接受的卷烟生产过程能够满足管制限量。此外，该方法还可促进卷烟生产商自发地降低卷烟有害物质暴露量至能够达到的最低水平，即使是那些最高限量以下的产品。

最开始推荐的最高限量是在国际品牌中一个样品的中位值及推进这项管制政策的相关国家的烟草品牌的中位值之间取较低的那个。一个国家市售卷烟品牌中的烟气成分每毫克烟碱含量中位值可由该国市场上对这些品牌具有检测资质的第三方机构进行委托检验而获得。特定系列国际品牌的中位值可通过已发表的数据得到 [9]，并构成本报告提出的最高限量推荐值的基础。

卷烟品牌成分含量的测定应由烟草公司负责并资助。这些结果将报告给监管机构，并由第三方实验室对这些结果加以核实。在实施这些最高限量要求之前，在司法管辖范围内，可在一段时期内让烟草公司强制性或自愿报告他们市售下属品牌的烟气成分释放量。在这些司法管辖范围内提交报告中单位毫克烟碱烟气成分含量水平差异可用来研究，以确定最高限量的设置应当基于地方销售品牌测定值，还是使用 WHO TobReg 在本报告中所给出的国际样品测定结果。随着烟草公司降低有害物质含量水平能力的增加，应该不断降低最高限量，以不断降低卷烟中有害物质含量。

鉴于管制对象扩大到多种成分，应该开发能够测定各种品牌卷烟烟气中有害物质含量的方法。这么做的目的是淘汰掉那些管制清单中含量较高的品牌，并保证留在市场上的品牌的大部分烟气有害物质含量水平较低。在降低个别有害成分含量的同时，有可能导致其他已知的不在管制清单中的有害物质含量升高，所以，应当采取适当的措施来避免这种情况的发生。不采取相关措施的话，如果一些品牌因为其中某一种成分含量较高而被淘汰，但是这些品牌中其他大部分成分含量都较低，这会导致市场上在售品牌烟气毒性的净增加。

5.3 吸烟机测试方法的选择

烟气成分的测定需要用吸烟机来吸烟。采用不同的吸烟机抽吸模式会导致不同水平的单位毫克烟碱成分释放量，而且采用不同的吸烟机测试模式会产生不同的单位毫克烟碱成分含量，进而导致品牌的相对级别也不一样。所以，如果可能的话，有必要采用多种而不是一种抽吸模式来测定由于检测方法的不同而导致的结果及品牌分级的不同。

共测试了 3 种可用于测定不同品牌的标准吸烟机测试方法：ISO/FTC 提出的测试方法，马萨诸塞州公共卫生学院提出的测试方法，以及加拿大卫生部采用的深度测试方法，也叫加拿大深度抽吸模式。这些方法各有优缺点，但是，加拿大深度抽吸模式被认为是最适合在推荐管制策略中应用的测定烟气成分的方法。

选择加拿大深度抽吸模式基于几个准则。第一，加拿大深度抽吸模式下所产生的烟气量更大，降低了最先建议加以管制的化合物烟草特有亚硝胺 (TSNA) 几次平行测定之间的变异系数 (CV)。图 5.1 为 Counts 及其同事 [3] 所测定的多种国际卷烟品牌在 3 种抽吸模式下 4 种 TSNA(包括 NAB，NAT，NNN 和 NNK) 的平均变异系数 (CV)。3 种吸烟机抽吸模式的测定结果在同一张图中给出，在图中点出每种品牌在每种抽吸模式下的测定结果和焦油含量的比值。

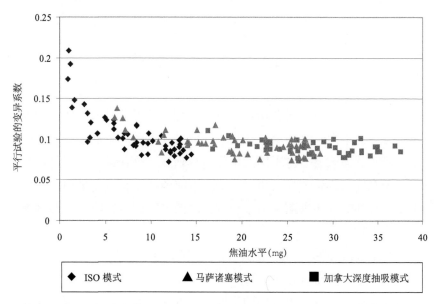

图 5.1 通过 3 种吸烟机模式对各品牌焦油含量水平的测定绘制了 4 种致癌物质亚硝胺的
平行试验的平均变异系数图

资料来源：经出版社许可，引自参考文献 [9]

由图可知，当抽吸模式所得到的焦油含量低于约 10 mg 时，TSNA 测定的变异系数较大。ISO 和马萨诸塞模式下，大量国际品牌的焦油含量都低于 10 mg，其相应的变异系数也较大。只有加拿大深度抽吸模式在不同品牌、不同焦油含量下的变异系数都较稳定。

选择加拿大深度抽吸模式的第二个原因是其更好地反映人们的深度抽吸行为，这是因为，在不同的卷烟设计特性下，加拿大深度抽吸模式可能比 ISO 模式产生的单个烟气成分含量高得多。

第三，在选择吸烟机抽吸模式时，WHO 研究组认为，这种模式应该能够准确反映出卷烟设计的变化，而不是滤嘴通风率的改变，因为，只通过单位毫克烟碱成分含量来纠正成分释放量，不足以表示更深度抽吸模式下释放量的变化。

卷烟滤嘴中活性炭的使用是不能通过烟碱标准化来评估设计改变影响的例子。使用 ISO 模式（抽吸容量 35 mL，抽吸间隔 60 s，抽吸时间 2 s，不堵塞滤嘴通风）来测定活性炭滤嘴卷烟烟气中的挥发性成分含量（如苯，1,3-丁二烯和丙烯腈）发现，相对于其他烟气成分，如烟碱，这些成分的含量显著降低。

只要足够多的活性炭添加到滤嘴中，即使使用深度抽吸模式，如加拿大深度抽吸模式（抽吸容量 55 mL，抽吸间隔 30 s，抽吸时间 2 s，100% 堵塞滤嘴通风），也能降低烟气中这些化合物的含量。以美国犹他州盐湖城市售新引入的万宝路"UltraSmooth"为例，尽管在加拿大深度抽吸模式下，其卷烟滤嘴中添加的足够量的活性炭仍能降低挥发性化合物释放量。然而，在美国佐治亚州亚特兰大的万宝路"UltraSmooth"以及美国北达科他州的滤嘴中加入适量活性炭的万宝路"Ultralight"，在深度抽吸模式下，其挥发性化合物释放量有显著增高。对于上述两种产品来说，相比其他滤嘴中没添加活性炭的产品，在 ISO 模式下其烟气中挥发性成分释放量显著降低，即使使用单位毫克烟碱含量来表示，这种差异也显著存在。然而，在加拿大深度抽吸模式下，这些产品挥发性成分的增加比例要比烟碱的大得多。单位毫克烟碱标准化不能校正这些更深度抽吸模式下的含有中等浓度活性炭滤嘴品牌的烟气成分。

管制机构在司法管辖权限内需要知道市售产品的准确信息，所选择的用于产品管制的抽吸模式应该能够反映出在更深度抽吸模式下导致烟气成分释放量与烟碱释放量比例显著增高的卷烟设计的改

变。尽管没有一种抽吸模式能够完美地反映出卷烟成分释放量，但
WHO TobReg 总结认为加拿大深度抽吸模式相对于其他两种模式优
势明显。

5.4　最高限量管制时成分选择的原则

在最开始的报告中，工作组推荐 TSNA 作为管制目标，但还须
考虑其他成分作为管制目标的可能性。选择目标化合物的主要原则
是它们的毒性指数 (浓度时间效力)，市场上品牌之间单位毫克烟碱
浓度的变化性，以及烟气中成分改变时现有测定方法的可靠性。

烟气中含有超过 4800 种化学成分 [10]。为了确定这些成分的内在
毒性，有必要知道烟气中特定成分的含量水平和该成分的毒性，以及
该成分和烟气中其他成分的相互关系。我们对这些复杂关系的理解还
不充分，因为烟气已知的毒性只能解释一部分已知的人类疾病 [11]。

经广泛研究的单一组分的主要毒性效应包括致癌性、心血管及
呼吸系统疾病。

从传统意义上讲，具有直接遗传毒性的致癌物没有反应阈值，
这意味着无论多少剂量都有一定程度的毒性。这些致癌物的毒性可
通过一个参数来评估，即基准剂量水平 (BMDL)，并通过美国环境
保护局的排放物清单或计算 T25 值 [12](T25 致癌性指数是指除去对照
组后导致 25% 癌症发生率的日摄入剂量，mg/kg 体重) 来给出一个
10% 反应率 (即基准剂量 10% 或 BMDL10) 下剂量的 95% 下置信限。
在假设计量和毒性之间有线性关系的前提下，潜在致癌性即可通过
归一化每单位成分的 BMDL10 或 T25 值来计算。烟气中某一成分毒

性的计算可通过烟气中该成分的含量乘以它的单位致癌性指数来完成，该结果即为"癌症危险指数"，并可用来确定烟气中哪些成分的限量应该被优先设置。

非遗传毒性的化合物一般假定其毒性效应具有剂量阈值，在这个阈值之下，该化合物的重复暴露也不会导致任何严重后果[13]。考虑到人群之间的不同和动物试验向人类外推时的不确定性，我们可以结合可允许剂量和不确定性来提供一个安全系数。烟气中某成分毒性的测定可以通过烟气中该成分的浓度与其可接受剂量的比值来表示。这个值可命名为"非癌症毒性指数"。一个潜在的假定使这个指数具有不确定性，即在影响同一个靶组织或器官系统时，烟气中的每种化合物和其他化合物具有协同毒性。

这些研究成果可用来设定选择烟气成分的最高限量。烟气中的那些处于优先级清单前列的化合物应该比那些处于优先级清单后列的化合物对卷烟烟气毒性的贡献大。

在选择用于管制的烟气成分时，除了化合物的毒性，其他因素也可能比较重要。第一，该成分在市售卷烟品牌中每单位毫克烟碱含量差别必须足够大，或淘汰掉那些成分含量比较高的品牌时，对结果影响很小。第二，和第一点相关，该成分在品牌间的含量差异应该比单一品牌重复测定差异要大。如果不是这样，就需要对一种品牌的每种成分进行大量样品的测试，以使平均结果更准确，这就造成了测试成本的显著增加。

选择用以管制的烟气成分的最后一个原则是技术的可行性，即可以降低烟气中该成分的每毫克烟碱含量。烟草加工、卷烟设计和制造等的改变可以降低烟气中有害物质的含量，所以对这些成分含量设置限值是可行的，并应该将其设置为高度优先级清单。

通过测试来自美国、加拿大、澳大利亚和一个国际样品等具有代表性的品牌，确定了一个符合以上原则的烟气优先级清单。通过计算这些成分在品牌之间单位毫克烟碱含量的 CV 值和一个品牌重复测定结果的平均 CV 值的比值，将这些成分进行了排序。高比值的成分在市售品牌之间差异较大，也最有可能被列到管制清单中加以管制。这些国际品牌的测定结果，以每毫克烟碱和每毫克焦油的成分 CV 值的形式，列于表 5.1 中。

烟气成分数据计算既有每毫克烟碱含量也有每毫克焦油含量，但管制方式是每毫克烟碱的释放量值。这些值对应于吸烟机抽吸模式。

表 5.1　采用加拿大深度抽吸模式测量时，对于特定的某种毒性成分，各种有害成分的 CV 值与平行试验的 CV 值的比值

每毫克烟碱		每毫克焦油	
组分	CV(毒性组分)/CV(平行试验)	组分	CV(毒性组分)/CV(平行试验)
N'- 亚硝基降烟碱 (NNN)	4.89	N'- 亚硝基降烟碱 (NNN)	4.92
一氧化碳	4.83	N'- 亚硝基新烟草碱 (NAT)	4.75
N'- 亚硝基新烟草碱 (NAT)	4.72	镉	4.40
镉	4.19	苯酚	4.18
苯酚	3.93	一氧化碳	3.70
一氧化氮	3.84	一氧化氮	3.65
氮氧化物	3.74	对甲基苯酚 + 间甲基苯酚	3.57
对甲基苯酚 + 间甲基苯酚	3.65	氮氧化物	3.52
总氰化氢	3.55	氢醌	3.35
氢醌	3.50	喹啉	3.16
氨	3.41	铅	3.13
铅	3.05	甲醛	3.12

续表

每毫克烟碱		每毫克焦油	
组分	CV(毒性组分)/CV(平行试验)	组分	CV(毒性组分)/CV(平行试验)
氰化氢 (滤嘴)	3.03	氨	3.11
喹啉	3.01	总氰化氢	2.96
苯乙烯	2.98	邻甲基苯酚	2.93
甲醛	2.97	N'- 亚硝基假木贼碱 (NAB)	2.93
氰化氢 (卷烟纸)	2.93	4-(N– 甲基亚硝胺基)-1-(3- 吡啶基)-1- 丁酮 (NNK)	2.90
邻甲基苯酚	2.88	邻苯二酚	2.84
4 -(N– 甲基亚硝胺基)-1-(3-吡啶基)-1- 丁酮 (NNK)	2.86	苯乙烯	2.78
N,- 亚硝基假木贼碱 (NAB)	2.86	氰化氢 (滤嘴)	2.63
4- 氨基联苯	2.62	异戊二烯	2.43
丙醛	2.53	4- 氨基联苯	2.37
乙醛	2.52	氰化氢 (卷烟纸)	2.25
丙烯醛	2.51	丙酮	2.22
丙酮	2.50	丁醛	2.21
丁醛	2.49	丙烯醛	2.21
异戊二烯	2.47	乙醛	2.16
邻苯二酚	2.44	丙醛	2.13
吡啶	2.36	苯并 [a] 芘	2.06
3- 氨基联苯	2.08	吡啶	2.00
丙烯腈	2.05	丙烯腈	1.97
丁烯醛	2.00	烟碱	1.96
1,3- 丁二烯	1.92	1,3- 丁二烯	1.87
间苯二酚	1.90	3- 氨基联苯	1.87
苯并 [a] 芘	1.89	间苯二酚	1.86

续表

每毫克烟碱		每毫克焦油	
组分	CV(毒性组分)/CV(平行试验)	组分	CV(毒性组分)/CV(平行试验)
甲基乙基酮	1.88	丁烯醛	1.80
焦油	1.74	甲基乙基酮	1.77
2-萘胺	1.73	甲苯	1.73
甲苯	1.72	2-萘胺	1.65
汞	1.62	汞	1.60
苯	1.55	苯	1.57
1-萘胺	1.53	1-萘胺	1.46
砷	0.88	砷	1.08

注：CV，变异系数

资料来源：经出版社许可，引自参考文献 [9]

5.5　对 TSNA 的特别管制建议

现有研究结果提供了一系列足够多的品牌和成分分析结果来确定行业下一步可以做的事情，并为降低烟气有害成分设立标准。

WHO TobReg 建议，成员国应在各国的司法权限内建立和 / 或加强对烟草制品的管制框架。根据研究组建议设置烟草成分有害物质的上限时，应针对所有实施这些管制限量的国家内的所有卷烟，包括在该国生产和 / 或销售的产品，该国进口的产品，或向实施同样管制限量的国家出口的产品等。

最先建议管制的烟气成分是烟草特有亚硝胺 NNN(N'-亚硝基降

烟碱) 和 NNK[4-(*N*- 甲基亚硝胺基)-1-(3- 吡啶基)-1- 丁酮]。这些 TSNA 是强致癌物，而且，有足够证据表明，烟草醇化方法及其他制造工艺的改变可显著降低烟气中这些成分的含量[10,14]。此外，如马萨诸塞基准数据，Counts 及其同事所发表的国际品牌比较结果，以及加拿大、澳大利亚与美国及国际品牌的实验比较结果所示，在各国卷烟品牌之间，这些亚硝胺的含量有显著不同。

NNK 和 NNN 的致癌活性已经在动物试验的广泛研究中得到确认。在老鼠中，NNK 能引起肺部、口腔、肝脏和胰腺肿瘤。肺部是主要的靶器官，通过 NNK 的皮下注射，详尽的剂量 - 效应关系已经得到确认。饮用水中添加 NNK(5 ppm*) 后，能引起 90% 的试验老鼠产生肺癌，而对照组只有 8%。其他研究表明，不管 NNK 的摄入途径是什么，都能够引起老鼠肺部肿瘤。很明显，NNK 是老鼠的肺部致癌物。对于不同种及易感性的小鼠，以及不同渠道的摄入方式，NNK 都能够首先引起肺部肿瘤。NNK 还能够引起仓鼠肺部及气管肿瘤，貂口腔和肺部肿瘤，以及雪貂的肺部肿瘤。NNN 也是一种致癌物。NNN 能够引起仓鼠气管和口腔肿瘤，以及小鼠肺部肿瘤。将 NNK 和 NNN 混合物反复涂抹到老鼠口腔内，会引起口腔肿瘤和肺部肿瘤。基于这些动物致癌性数据，以及人体暴露数据和机理研究，NNN 和 NNK 都被 IARC 列为人体致癌物 (IARC 第 1 类致癌物)[15]。

未经燃烧的烟草中的 NNK 和 NNN 含量对烟气中其含量水平有重大影响，并和烟气中的含量水平有相关性。NNK 和 NNN 在未醇化的烟叶中含量很低。25 年以来，人们都认为，NNK 和 NNN 是在烟草醇化和制造过程中产生的。通过对这些工艺的改进，可显著降

---

* ppm, parts per million, 10^{-6}。——中文版注

低烟草及烟气中这些成分的含量^[10,14]。人们同样认为，烟草类型不同，
NNK 和 NNN 含量也显著不同，晾晒处理的白肋烟的 NNN 和 NNK
含量要比烤烟中含量高得多。其他研究表明，烟草硝酸盐含量对烟
气中的 NNK 和 NNN 有影响。总之，现有证据充分表明，在技术上
显著降低卷烟烟气中的 NNK 和 NNN 含量是可行的。

本报告引用了 Counts 及其同事对菲利浦·莫里斯公司国际卷烟
品牌的分析结果，并发现每毫克烟碱 NNN 和 NNK 含量是不同的^[9]。
尽管此项研究是已有的最好的国际研究结果，这项研究所使用的样
品来自于一个烟草公司，而这家公司使用的烟草中亚硝胺含量要比
一些国家市售卷烟品牌的含量要高得多，如澳大利亚、加拿大和英国。
因此，本报告中关于每毫克烟碱含量的指导意见意在告知那些没有
或缺少相关研究结果的国家。如果一些国家市售主要品牌使用亚硝
胺含量较低的烤烟，那么建议这些国家基于他们市售卷烟测定结果
建立自己的管制最高限量。

使用加拿大深度抽吸模式对 NNN 和 NNK 含量进行测定发现，
菲利浦·莫里斯公司品牌中 NNN 含量在 15~189 ng/mg 烟碱，中位
值大约是 114 ng/mg 烟碱。NNK 含量在 23~111 ng/mg 烟碱，中位值
是 72 ng/mg 烟碱。这些数据表明，菲利浦·莫里斯公司全球卷烟品
牌中有一半已经符合烟气中 NNN 含量达到或低于 114 ng/mg 烟碱。
因此，这个水平表示，可以为这个化合物建立一个现实可行的最高
限量，在这个限量以上的卷烟应被淘汰出市场。

同样，也提议烟气中 NNK 的最高限量为 72 ng/mg 烟碱。

这些限量设置的基础是这些国际品牌的中位值，这些品牌是美
国混合型卷烟，其亚硝胺含量水平要比其他很多国家卷烟品牌含量
高，如澳大利亚、加拿大和英国。这三个国家对卷烟烟气的分析结

果表明，这些国家卷烟烟气中的 NNN 和 NNK 含量要比 Counts 及其同事测定样品的中位值低得多[9]。2004 年针对加拿大卷烟的烟气分析结果表明[16]，在加拿大深度抽吸模式下，排除美国及高卢香烟后，所测定品牌的平均 NNN 含量是 23.8 ng/mg 烟碱，平均 NNN 含量是 50.5 ng/mg 烟碱。加拿大的平均 NNN 含量还不到用于建立推荐最高限量国际品牌的中位值的四分之一，表明制造和销售很低 NNN 含量卷烟是可行的，并建议一些国家根据其市售卷烟情况制定最高限量。

澳大利亚的测试结果也得出了同样的结果。在加拿大深度抽吸模式下对澳大利亚卷烟烟气的分析结果表明[17]，这些品牌的平均 NNN 含量是 20.8 ng/mg 烟碱，平均 NNK 含量是 27.3 ng/mg 烟碱。这表明降低亚硝胺含量还有很大的空间，而且制造具有广泛市场认可度的低含量亚硝胺卷烟是可行的。

5.6 最高限量的说明

将采取适当措施为某一品牌的平均测定值设置最高限量。在计算平均值时，需要进行大量的重复测试来保证该品牌卷烟的市场代表性，并提供少量含量接近平均值的品牌。需要特别指出的是，这并不意味着最高限量要加上重复测定的两个或更多的标准偏差。

5.7 测定结果向公众的披露

本报告所展现的烟草制品管制及最高限量设置的目标是基于一

种普遍原则，即在技术上最大限度地降低卷烟烟气中的可能有害物质含量。当前没有科学证据能确切表明降低烟气中亚硝胺或其他任何成分能降低那些消费这些有害成分含量较低卷烟的吸烟者的癌症发病率，也不能表明最高限量的改变能够导致消费者暴露量的显著改变。设置最高限量，并淘汰掉那些高于限量的品牌，并不意味着现有品牌比那些淘汰掉的品牌更安全或危害小，也不意味着那些市场上没有被淘汰的产品得到了政府的批准。

管制者有义务确保公众不被推荐的吸烟机模式和最高限量所误导，就像他们被吸烟机所测试的焦油和烟碱含量所误导那样。WHO TobReg 建议，管制措施应特别禁止市场检测结果的使用或其他对消费人群披露信息，如产品标识等。WHO TobReg 还建议，应禁止披露通过测试烟气有害成分含量而对品牌进行分级的信息，和 / 或该品牌符合政府管制标准的声明。因为披露给消费者的信息通常是通过伴随新的管制政策的实施过程中的各种新的宣传手段进行的，所以，监管者应负起责任，监督烟草公司的市场营销和消费者的理解情况，并解释新的管制政策和市场上未被淘汰的产品毒性之间的关系，以及他们对现存产品的理解是否影响到其开始吸烟或戒烟，以及采取一切措施来避免消费者被误导。WHO 烟草制品管制科学咨询委员会的报告关于评估新型或改进型烟草制品 [18] 的内容在更深程度上探讨了这些关于监督的考虑。

这些建议意在加强 WHO 烟草制品管制研究小组在其建议 1 中所关注的内容，特别是如下内容：

包装标识不能含有类似声明，如"这些卷烟亚硝胺含量低"，或"这些卷烟的一氧化碳含量是我们普通卷烟的一半"。这些量化声明暗示一种品牌比另一种更安全。研究组很担心卷烟测试被烟草公司利用，来为销售这些产品而做出暗示其有益健康的声明。相反地，应该在包装上表现出健康信息，如"这些卷烟中含有能使试验动物致癌的亚硝胺"，或"这些卷烟烟气中含有致癌物苯"。只发布量化信息很重要，这些信息基于可靠研究并表明烟气中含有有害成分[19]。

5.8　测定亚硝胺的方法

在测定产品内及产品之间的差别时，应该考虑到，时间和地域因素是造成产品差别的重要原因。抽样应该按照 ISO 8243 所描述的标准方法来进行。应该在不同时间及不同批次的卷烟产品中进行抽样。报告周期可分为至少五种独立的亚周期。每个亚周期内抽取含有 20 支卷烟的样品。每个样品从各自的采样点进行取样。

根据 ISO 标准，如 ISO 3402，为了减少由于样品存储而造成的多样性，在吸烟机抽吸之前，应该让样品平衡至少 24 小时。

卷烟应该使用加拿大深度抽吸模式进行分析，即抽吸容量为 55 mL，抽吸时间为 2 s，抽吸间隔为 30 s，100% 堵塞通气孔，对于非滤嘴卷烟，烟头处堵塞 23 mm，对于带有滤嘴的品牌，堵塞离滤纸 3 mm 长的区域。对于直线吸烟机，每 30 张剑桥滤片抽吸 3 支卷烟。对于转盘吸烟机，每 10 张滤片抽吸 10 支卷烟。

测定 TSNA 含量最常用的方法是气相色谱/热能检测器法 (TEA)。该技术对含氮化合物具有特异性，并在多年来一直成功用于卷烟烟气中 NNN 和 NNK 的测定。"加拿大卫生部官方方法"(http://www.qp.gov.bc.ca/stat_reg/regs/health/oic_94.pdf，更新于 2007 年 3 月 2 日) 第 119 页开始对该方法有相关描述。此外，还可以用其他方法进行测定，如液相色谱串联质谱法 (http://www.aristalabs.com/pdf/MainstreamAnalysis.pdf，更新于 2007 年 3 月 2 日)，或 Wu 及其同事 [20] 报道的方法，但是每种方法都必须具有和 TEA 法相同的准确性和重现性。

应该对每个滤片，以及每个出具报告品牌的所分析滤片数量、平均值及标准偏差进行独立测试。每个样品的测试日期及地点也应该随着最终结果加以报道。

5.9　改进型卷烟及潜在降低暴露量产品的注意事项

本报告的建议针对燃烧烟草的传统机器制造的卷烟，并不能用于加热烟草的卷烟或其他通过不燃烧烟草的技术来传输烟碱的产品。WHO 烟草制品管制研究小组以前的一个报告中对那些非传统烟草制品及其他潜在降低暴露量产品 (PREP) 进行了讨论 [18]。

通过改变卷烟烟气中的烟碱或有害物质含量都可能改变卷烟烟气中特定组分的单位烟碱含量。也可通过向烟草或滤嘴中添加烟碱或利用烟碱含量较高的烟草品种来提高烟气中的烟碱含量。尽管这些措施在理论上能够降低烟草有害物质的暴露量，但是其可能性还不确定。因此，通过提高烟气中的烟碱含量来降低烟气中有害物质的单位烟碱含量，使之低于最高限量要求，还没有足够证据证明其能够降低烟气的毒性；因此管制者应不鼓励或不允许通过提高烟气中烟碱含量来达到满足管制最高限量的目的。

对提高烟碱释放量的检测可通过跟踪一段时间内每支烟在吸烟机模式下产生的烟碱释放量及在某一市场中相关品牌的焦油烟碱比

分布规律来实现。对于那些烟碱释放量随时间增加的品牌，以及那些市场上焦油烟碱比处于后三位的品牌，管制者可以要求这些品牌中的亚硝胺限量同时以每毫克焦油和每毫克烟碱来表示。这样就更能确保单位烟碱 TSNA 含量的降低是由于烟气中这种成分确实得到降低或其在烟气中的比重下降。在加拿大深度抽吸模式下，NNN 在国际品牌中每毫克焦油含量的中位值是 7.1 ng/mg 焦油，NNK 含量的中位值是 4.6 ng/mg 焦油 [9]。

还有一种可能，即一些卷烟品牌可能使用烟碱含量较低的烟草来制造卷烟。烟叶中的烟碱可以除去，烟碱含量很低的转基因烟草也存在。使用这些烟草制作的卷烟，在任何测试方式下，其烟碱释放量都很少，但其每毫克烟碱的有害物质含量可能会很高。管制者可能需要知道哪些品牌为应对产品评估而故意降低烟草中的烟碱含量。一旦管制者确定制造商确实使用低含量烟碱烟草来制作卷烟产品，就可能使用每毫克焦油最高限量替代每毫克烟碱限量对这些产品进行管制。

5.10 未来的发展方向

当 WHO 成员国在其司法管辖范围内建立和 / 或加强对烟草制品的管制框架时，这些国家就考虑设置 TSNA 的最高限量。当获得其他覆盖更多地域的更多品牌的数据结果时，这些建议很可能经过修改并扩展到其他化合物。

当前，对现有研究结果的分析工作正在开展，以确定一个更全面的化合物清单，并为其设置最高限量。当前实验结果的分析应该与当前人们对烟气成分毒性的了解相结合，以期能够为管制者提供一项成分清单，这份清单上化学成分的测试应由烟草公司来承担。应该对这个化合物清单中能导致心血管疾病、慢性肺病和癌症的化合物给予特殊关注。

当烟草公司改变产品的设计以满足这些管制要求时，这些公司应报告新设计带来的有害成分含量的改变，并提供如加拿大不列颠哥伦比亚烟草管制机构所示的成分清单[21]。

将测试推荐设置最高限量的成分清单对受限制品牌数量的影响，以评估市场上受影响的品牌数量。在提出为管制目的而测定成分的进一步建议之前，应该对这个问题加以处理，以能够预料管制政策对市场的影响。

这个研究的结果有：一个推荐监控的化合物清单，一个为致力于采取措施对本国市场的卷烟品牌加以管制的某国提供的设置这些成分每毫克烟碱含量水平的方案，以及为那些没有形成他们自己检测能力的国家提供的基于国际市售卷烟品牌测定结果的每毫克烟碱含量清单。大部分国家应期望由烟草公司来进行成分测定，并由第三方检测机构对这些检测结果进行定期检查。

具有 TSNA 及其他被推荐作为未来管制目标的成分检测能力的第三方或政府实验室应当对多个不同品牌和品种的卷烟进行分析。这些实验室应该是 WHO 烟草实验室网络 (TobLabNet) 的成员。

参 考 文 献

[1] Stratton K et al., eds. *Clearing the smoke: assessing the science base for*

tobacco harm reduction. Washington, DC, National Academy Press, 2001.

[2] Risks associated with smoking cigarettes with low machine-measured yields of tar and nicotine. Bethesda, MD, United States Department of Health and Human Services, National Institutes of Health, National Cancer Institute, 2001 (Smoking and Tobacco Control Monograph No. 13) (http://news.findlaw.com/ hdocs/docs/tobacco/ nihnci112701cigstdy.pdf, accessed 2 March 2007).

[3] WHO Scientific Advisory Committee on Tobacco Product Regulation. *Conclusions and recommendations on health claims derived from ISO/FTC method to measure cigarette yield*. Geneva, World Health Organization, 2002.

[4] *Report of "tar", nicotine, and carbon monoxide of the smoke of 1294 varieties of domestic cigarettes for the year 1998*. Washington, DC, Federal Trade Commission, 2000 (http://www.ftc.gov/reports/ tobacco/1998tar&nicotinereport.pdf, accessed 2 March 2007).

[5] Hatsukami DK et al. Methods to assess potential reduced exposure products. *Nicotine and Tobacco Research*, 2005, 7:827–844.

[6] Hatsukami DK et al. Biomarkers to assess the utility of potential reduced exposure tobacco products. *Nicotine and Tobacco Research*, 2006, 8:169–191.

[7] WHO Study Group on Tobacco Product Regulation. *Guiding principles for the development of tobacco product research and testing capacity and proposed protocols for the initiation of tobacco product testing: recommendation 1*. Geneva, World Health Organization, 2004.

[8] *Smoking methods for cigarettes.* International Organization for Standardization, 2006 (ISO/TC 126/WG 9).

[9] Counts ME et al. Smoke composition and predicting relationships for international commercial cigarettes smoked with three machine-smoking conditions. *Regulatory Toxicology and Pharmacology*, 2005, 41:185–227.

[10] *Tobacco smoke and involuntary smoking* (IARC Monographs on the Evaluation of Carcinogenic Risks to Humans), IARC Monograph 83. Lyon, France, International Agency for Research on Cancer, World Health Organization, 2004.

[11] Fowles J, Dybing E. Application of toxicological risk assessment principles to the chemical constituents of cigarette smoke. *Tobacco Control*, 2003, 12:424–430.

[12] Dybing E et al. T25: a simplified carcinogenic potency index: description of the system and study of correlations between carcinogenic potency and species/site specificity and mutagenicity. *Pharmacology & Toxicology*, 1997, 80:272–279.

[13] Dybing E et al. Hazard characterisation of chemicals in food and diet: doseresponse, mechanisms and extrapolation issues. *Food and Chemical Toxicology*, 2002, 40:237–282.

[14] Peele DM, Riddick MG, Edwards ME. Formation of tobacco-specific nitrosamines in flue-cured tobacco. *Recent Advances in Tobacco Science*, 2001, 27:3–12.

[15] Cogliano V et al. Smokeless tobacco and tobacco-related nitrosamines. *Lancet Oncology*, 2004, 5:708.

[16] Constituents and emissions reported for cigarettes sold in Canada – 2004. Health Canada, Tobacco Control Programme (http://www.hc-sc.gc.ca/hl-vs/ tabac-tabac/legislation/reg/indust/constitu_e.html, accessed 2 March 2007).

[17] Australian cigarette emissions data. 2001. Commonwealth Department of Health and Ageing, Australian Government, 2002 (http://www.health.gov.au/ internet/wcms/publishing.nsf/Content/health-pubhlth-strateg-drugs-tobaccoemis_data.htm, accessed 2 March 2007).

[18] WHO Scientific Advisory Committee on Tobacco Product Regulation. *Statement of principles guiding the evaluation of new or modified tobacco products*. Geneva, World Health Organization, 2003.

[19] WHO Study Group on Tobacco Product Regulation. *Guiding principles for the development of tobacco product research and testing capacity and proposed protocols for the initiation of tobacco product testing : recommendation 1*. Geneva, World Health Organization, 2004, p. 16.

[20] Wu W, Ashley D, Watson C. Simultaneous determination of 5 tobacco-specific nitrosamines in mainstream cigarette smoke by isotope dilution liquid chromatography/electrospray ionization tandem mass spectrometry. *Analytical Chemistry*, 2003, 75:4827–4832.

[21] Data available at http://www.qp.gov.bc.ca/statreg/reg/T/TobaccoSales/282_98.htm#schedulea, accessed 2 March 2007.

6. 总 体 建 议

6.1 烟草制品的成分及设计特性：其与潜在致癌性和对消费者吸引力的关系

6.1.1 主要建议

烟草制品的危害性与它们释放的有害物质以及人们对它们的消费量和消费方式有关。反过来，消费方式也与潜在致癌性和对消费者吸引力有关。通过烟草公司的资料文档和专家评估结果来看，他们一直想通过成分和设计的改变来增加产品的致癌性和吸引力。例如，可以通过成分和设计的改变来增加游离烟碱的比例，进而增强烟碱的致癌性，樱桃和丁香等香料可用来吸引特定人群。

建议从致癌性和吸引力的角度对烟草产品成分和设计进行评估，以期为可以限制那些能增强致癌性和吸引力的设计和添加剂提供科学基础。

6.1.2 对公众健康政策的意义

对公众健康政策的意义包括保持、增加和强化与致癌性和吸引力相关的烟草制品成分、设计和释放物标准等，以期能够降低烟草消费的流行度和消费者对有害物质可能的摄入量。与其他控烟的努力和行动一道，这些政策将降低烟草消费和相关疾病的发病率。

6.1.3　对 WHO 方案的启示

考虑到烟草制品添加剂和设计特性的多样性，WHO 将需要监督并研究这些因素对首次消费烟草制品及戒烟的影响。将来的研究应集中在成分及设计特性上，这些因素能增强产品的致瘾性和吸引力，进而使人们保持对烟草制品的普遍、持续消费，并导致致命后果。WHO 也应该针对如何实现这些目标建立一个时间表，这个时间表应该考虑到它的资源、能力以及修改当前目标的需要，并在这些目标达成之后设立新的目标。

6.2　糖果口味烟草制品：研究需求及管制建议

6.2.1　主要建议

应该限制糖果口味添加剂在烟草制品中的使用和营销。本报告对当前的包装风格和口味多样性进行了鉴别，并为相关烟草公司和卫生领域专家提供了指导意见，以期达到使人戒烟的目的。

应该要求烟草制造商披露烟草制品中包括类似糖果在内的添加剂品牌和含量水平。应该禁止任何减害声明。应该禁止在新的烟草品牌中添加糖果口味的添加剂。对于当前使用调味添加剂的烟草公司或品牌，应该对那些能引起上瘾、开始吸烟、增加二手烟暴露量或不利于戒烟的任何添加剂设置限量。这些管制糖果口味烟草制品的建议和其他措施是管制烟草制品成分、释放物和设计,以及降低烟草危害的总策略的一部分。

6.2.2　对公众健康政策的意义

对烟草公司内部文件的分析发现,添加剂被广泛应用,以改变烟气传输和环境烟气的生理效应和影响。公共卫生的基本原则规定,类似糖果口味的风味添加剂不能用来增加致瘾性药物的吸引力,也不能用来掩盖产品消费时的有害影响。尽管烟草公司否认这些产品用来吸引青少年,但研究表明,糖果口味的添加剂是吸引年轻人及不吸烟者的一个重要因素。

研究还揭示了糖果口味产品的新添加剂传输机理(如镶嵌于卷烟滤嘴中的塑料小球)。揭露风味添加剂传输技术引发了人们对健康问题的额外关注,并引发人们对产品设计中经常隐藏的调味剂和添加剂传输技术的关注。这些发现说明有必要进行适当的政府管制来确定和评估这些产品对个体或群体的危害的增加。

6.2.3　对 WHO 方案的启示

WHO 鼓励对糖果口味添加剂进行管制的政策建议是管制烟草制品综合计划的一个基本组成部分。WHO 应激励和促进研究以评估新型传输机理的影响和毒性,如隐藏在卷烟中的添加有调味剂的小球。需要更多的人群调查研究来评估类似糖果口味的调味剂和其他添加剂对开始吸烟、烟草致瘾性、消费量和暴露量的影响。

6.3　烟草暴露及烟气所致健康影响的生物标志物

6.3.1　主要建议

烟草相关生物标志物可以用来测定烟草制品释放物的暴露量，或测定这种暴露对人体所造成的潜在或实际生理变化或伤害。疾病易感性基因型生物标志物也存在，并可能在确定烟气是否会导致疾病方面发挥重要作用。尽管当前不存在在管制中支持减害声明的生物标志物或一组生物标志物，它们在部分管制领域仍具有实质性作用。应该在一些研究中要求加入暴露型生物标志物的内容，如在支持降低暴露量声明时申请管制者批准的戒烟方法研究，以及评估不同产品致瘾性的研究等。这些生物标志物在评估或检验个体水平戒烟方法有效性方面也有用处。

6.3.2　对公众健康政策的意义

吸烟行为调查问卷和每日吸烟量调查问卷依旧是评估普通人群烟草暴露量趋势及其量化的推荐方法，而且这两种方法在流行病学研究中都作为疾病发生的预测因子。然而，烟草设计的不同以及个体吸烟行为的差异，限制了每日吸烟量人群调查法反映消费者使用不同烟草制品的暴露量的准确性。生物标志物为更准确定量烟碱及其他特有烟草释放物提供了可能，并在需要提高对吸烟行为定义准确性及提高测定烟气暴露强度准确性的研究中意义重大。当比较不同烟草制品的暴露量时，如通过测定一种烟草成分的暴露型生物标志物而对全烟气暴露量或疾病风险进行外推，要谨慎处理。

还可以利用暴露型生物标志物来评估特定公共政策对普通人群暴露量的影响，特别是限制一般或特殊场所吸烟是否能够降低暴露量。

6.3.3 对 WHO 方案的启示

尽管缺乏科学研究及科学定论，也需要采取管制行动。面对这种科学上的不确定性，监管机构可能向专家委员会寻求意见，专家委员会能对一种特定产品的所有证据进行总结。在评估不同烟草制品的毒性时，生理过程型生物标志物的实验结果应该和释放物的化学测定、烟草暴露型生物标志物研究结果、设计特性以及现有的流行病学和临床学研究结果相结合。在控烟领域，WHO 需要在促进和支持烟草暴露和烟草所致疾病生物标志物研究方面走在最前列。

6.4 卷烟烟气中有害成分最高限量的设定

6.4.1 主要建议

卷烟烟气中含有大量的强有害物质，而且，在现有品牌之间，这些有害物质的每毫克烟碱含量水平差异很大。尽管不可能除去所有这些有害物质，或有效评估降低一种有害物质含量对减害的影响，有效的公共卫生保护仍需要一个警示过程，因此，尽可能地降低烟气中有害成分的含量，是一种值得做的合理的管制目标。这个过程和降低食品中污染物含量的做法类似，尽管也缺乏证据证明降低食品中的污染物含量能改变食品的致病风险。从公共卫生的角度来说，很难证明允许一些卷烟产品中的致癌物含量很高，而其他卷烟产品中这些致癌物含量较低的做法是合理的，尽管降低一种成分含量后这些产品安全性提高的程度尚且未知。

对烟气中的一些强有害成分设置最高限量来降低某市场中卷烟品牌的烟气毒性水平的做法是否可行的研究尚在进行中。建议最初设置最高限量的化合物是烟草特有亚硝胺 NNN 和 NNK。

所测定的所有市场品牌中每毫克烟碱 NNN 和 NNK 含量差别很大，所以，在这个浓度范围的中等水平设置最高限量，将会显著降低市场上现存品牌的 NNN 和 NNK 含量。其他研究表明，烟草中的 NNN 和 NNK 含量可以通过烟草醇化或其他途径得到降低，这说明，烟草公司可以毫无困难、不加迟疑地降低所有品牌的 NNN 和 NNK 含量，以使之符合限量要求。所以，建议禁止那些不符合限量要求的品牌进口、出口、流通或售卖。

6.4.2 对公众健康政策的意义

卷烟是最有害的消费品，部分由于其极端毒害性，这些产品一直没有受到有效管制。通过采用推荐的最高限量，淘汰不符合要求的品牌并禁止符合限量要求的声明，将实现对烟草释放物的管制，并降低留在市场上的品牌的烟气有害物质含量，同时避免公众对不同品牌产品烟气相对风险产生误解。该管制模式的目标是烟草公司，促使它们尽可能降低其产品中的有害物质含量；同样地，这种策略是为管制烟草制品，而非减害。因此，成员国应该设置最高限量。

现在正研究拓展更全面的设置最高限量的化合物清单，这个清单包括那些会造成急性肺部疾病、心血管疾病和癌症的化合物。

由于吸烟机测试结果，如焦油和烟碱含量一直在误导消费者，使其认为这些指标代表暴露量和风险的不同，因此，该方法的测定结果不能用来作为制造商的营销手段、市场品牌排名或消费者关心的这些产品致病风险的结论。

6.4.3　对 WHO 方案的启示

随着烟草公司降低烟气中有害物质含量能力的增强，可以逐渐降低最高限量，以确保卷烟烟气有害物质含量能渐渐地降到最低。预计大部分国家都会要求烟草公司提供烟草成分和释放物的测定结果，并由那些具有烟草成分检测资质的第三方实验室，如 WHO TobLabNet 成员等对这些产品进行定期检测。为了使 TobLabNet 和烟草公司的测试和研究能力相匹配，WHO 应该对其进行继续支持。只有对烟草制品的特性，如它们的含量、释放物及设计特性等进行详细了解，公共卫生和管制机构才能对这类杀死它们一半普通消费者的产品加以有效管制。

致　谢

WHO 烟草制品管制研究小组感谢哈佛大学公共卫生学院（美国马萨诸塞州波士顿）公共卫生实践专业 Gregory N. Connolly 博士和烟草控制研究与培训计划助理研究员 Carrie M. Carpenter 博士。早在 2004 年，WHO TFI 就委托 Connolly 博士撰写一份关于调味烟草制品的背景报告。这项工作的结果是 2005 年 6 月 7~9 日在巴西里约热内卢召开的研究组第二次会议中相关问题讨论的基础。为了满足全球受众的不同需求，随后，这份报告又被分发到各处，以期使调味烟草制品的流行及潜在风险受到全球更广泛的关注，2006 年 6 月 28~30 日，在日本神户举行的研究组第三次会议中，这份报告再次被审议。

在研究组第三次会议中，下列科学家受委托撰写了烟草制品管制其他三个领域的背景材料，在此也对其表示感谢，他们是 Robert Balster 博士，美国得克萨斯州休斯敦大学药物及酒精研究学院院长；William Farone 博士，美国加利福尼亚州阿纳海姆市 Applied Power Concepts 公司；Wallace Pickworth 博士，美国马里兰州巴尔的摩市公共卫生研究及评价 Battelle 中心健康科学负责人；Geoffrey Wayne 博士，哈佛大学公共卫生学院（美国马萨诸塞州波士顿）研究员；Jeffrey Wigand 博士，美国密歇根州 Mount Pleasant 儿童无烟公司科学家。

附　录

附录 1　世界卫生组织烟草制品管制科学咨询委员会 (SACTob) 会议报告及其他文件

指导新型或改进型烟草制品评估的原则 (2003)

本报告揭示了烟草消费所造成风险的现有科学认识。它提供了一个评估新型烟草制品减害效果的问题框架。其主要要点如下：

- 现有的科学证据不足以评估新设计的烟草制品和现有产品之间潜在健康风险的差异。
- 卷烟和类似卷烟产品的监管应该包括新产品在各方面的评估。
- 制造商应该为减少暴露或降低危害的声明提供能够支撑此声明的足够的科学证据。
- 每种类型的声明都需要一个实质性的证据。
- 需要采取监管措施，以评估和监测新的改进型烟草制品的变化。
- 当声明烟气释放量降低或有害物摄入量降低时，需要有证据予以证明。

烟草制品及非烟草制品中的烟碱及其管制建议 (2002)

超过二十年的研究发现，烟碱是烟草消费的主要药理学原因。本报告基于关于烟草制品和非烟草制品的现有科学依据提出建议。建议如下：

- 从公共卫生的角度来说，最有害的烟碱传输方式却管制最少的现状是不能接受的。
- 和其他烟草成分和释放物相比，因为烟碱可能是一小部分烟草所致疾病的原因，因此，在阻止不吸烟者吸烟及促进戒烟的努力没有白费的前提下，进而减小吸烟对消费者的危害性，还有很长的路要走。
- 在缺乏反面对比实验的情况下，那些决定公共政策决断的实验可以利用一个假设，即吸烟者对烟碱的渴求度是不随时间变化的，且不受产品改变的影响，而且当烟气中的烟碱含量降低时，吸烟者会通过补偿抽吸来保持对烟碱相对不变的摄入量。
- 需要一个广泛而全面的管制框架来使选择的政策能够控制烟碱来实现减害的目的。

烟草制品成分和释放物的建议 (2003)

本报告的目的是为评估烟草制品添加剂和相应释放物的管制政策的推出提供建议和支持。主要前提是烟草制品添加剂及其释放物，包括烟碱等，应该加以管制。优先关注的管制对象是烟草产品消费时的释放物（不包括一些卷烟添加剂如烟碱和氨）。这些准则适用于

所有烟草制品，包括新型卷烟替代物和无烟烟草制品，前提是认为
所有烟草制品都有添加剂和释放物。

通过 ISO/FTC 方法测定卷烟释放量而得出的 SACTob 对健康声明的建议 (2003)

本报告对健康声明有效性的讨论基于使用国际标准化组织 (ISO)
和美国联邦贸易委员会 (FTC) 的标准测试方法来测定烟气中的焦油、
烟碱和一氧化碳含量。它包括如下结论和建议：

- 基于现有 ISO/FTC 测试方法对焦油、烟碱和一氧化碳进行数
  值大小分级，并将其数值大小写在卷烟包装及广告上，是在
  误导消费者，应该抹去。
- 应该禁止所有的健康和暴露量声明。
- 禁令应该适用于包装、品牌名称、广告和其他促销活动。
- 应禁止使用"淡"，"超淡"，"温和"及"低焦油"等措辞，
  并可扩展到其他误导性措辞。禁令应该不仅包括具有误导性
  的措辞和声明，还应包括姓名、商标、图像及其他可能使产
  品看来具有健康效应的表达方式。

对无烟烟草制品的建议 (2003)

本建议强调，无烟烟草制品的健康危害尚缺乏研究，所以，当
无烟烟草制品投入市场时，应给予高度重视。在许多国家，无烟烟
草的使用非常普遍，这是全球烟草问题中需重点关注的问题之一。
确凿证据表明，一些无烟烟草制品，如蒌叶烟草制品、添加石灰的
烟草、南亚地区的烟草混合物，以及美国的无烟烟草产品等，能增

强癌症风险。无烟烟草制品的称谓，如减害助剂等，可能使人们对其安全性有一个错误的认识。本报告还注意到，在大多数国家，无烟烟草制品都没有得到特别管制。一般说来，无烟烟草制品都没有被要求带有健康警示标志。本报告认为，管制无烟烟草制品及抽吸型烟草制品的添加剂和释放物是很有必要的。

附录 2　世界卫生组织烟草制品管制研究小组 (TobReg) 会议报告及其他文件

发展烟草制品研究及测试能力以及启动烟草制品测试建议方案的指导原则：建议 1(2004)

《烟草控制框架公约》第 9，10，11 条的实施需要烟草制品的实证检验。本报告为该检验的实施提供了原理和推荐方案。普遍认为，在选择特定参数时，可以考虑多种选择。然而，WHO TobReg 建议，这些选择应该建立在现有科学研究结果的基础上，还应该适当考虑这些产品测试方法的局限性，这已经在本报告及以前的原则中提及。产品检测领域的影响因素有：实验室能力；烟草产品的多样性；实验室研究及测试的潜在供应商；实验室研究及测试能力建设及运行的资金支持；烟草制品测试方案；建立烟草制品测试能力的问题及局限性；烟草制品测试能力发展的管制注意事项；烟草制品测试能力发展的科学注意事项。

烟草控制的最佳范例：关于加拿大烟草制品管控的报告 (2005)

本报告高度评价了加拿大对烟草制品的管制。加拿大烟草管制制度被 WHO TFI 和 WHO 烟草制品管制研究小组视为最好的管制制度之一，包括强制性的周期性释放物检测，基于烟草制品所有特性的释放物披露，以及包装标识的要求 (大而清晰的健康警示及信息)。最值得注意的是，这种最好的尝试显示加拿大如何为公众健康努力，并创造性地对 ISO 抽吸模式进行修正，要求烟草公司使用一个更深度的抽吸模式对产品进行额外测试。这种加拿大深度抽吸模式随后就被 WHO 烟草制品管制研究小组在其建议 1 "发展烟草制品研究及测试能力以及启动烟草制品测试建议方案的指导原则"中采用。WHO TFI 希望各成员国能够从加拿大的经验中吸取有价值的信息及灵感。

注意事项：水烟的健康影响、研究需求及建议监管机构采取的行动 (2005)

水烟可用来对烟草进行抽吸，这种现象在亚洲和非洲已经持续了至少四个世纪，水烟的流行性和潜在健康效应也不断引起人们的关注。本注意事项将会为 WHO 成员国和其他有兴趣对水烟的健康效应进行更深入了解的研究机构提供指导。